de Gruyter Lehrbuch

Bayer · Einführung in das Programmieren II

Einführung in das Programmieren

II. Programmieren in einer Assemblersprache

von

Dr. Georg Bayer

Walter de Gruyter & Co · Berlin 1970

vormals G. J. Göschen'sche Verlagshandlung · J. Guttentag, Verlagsbuchhandlung · Georg Reimer · Karl J. Trübner · Veit & Comp.

Vorwort

Dieser zweite Teil des vorliegenden Buches behandelt das Programmieren in einer Assemblersprache.

Eine Assemblersprache ist auf den elementaren Programmschritten eines Rechenautomaten, den Befehlen, aufgebaut. Sie ist demnach maschinenorientiert, d. h. auf den jeweiligen Typ eines Rechenautomaten zugeschnitten, und man findet sie in einem zugehörigen Programmierhandbuch beschrieben. Ist es sinnvoll und möglich, allgemein das Programmieren in einer Assemblersprache zu erlernen?

Es kann hier sicher nicht darum gehen, eine spezielle Assemblersprache zu beschreiben – welcher sollten wir den Vorzug geben, und was könnten wir sagen, das nicht schon in einem Programmierhandbuch beschrieben ist? Wir wollen vielmehr einen allgemeinen Hintergrund für das Programmieren in einer Assemblersprache derart geben, daß ein Programmierhandbuch mit tieferem Verständnis gelesen werden kann, und daß organisatorische Probleme und Möglichkeiten des Programmierens deutlich werden. Es gibt dazu keine geschlossene Theorie des Programmierens. Einige programmtechnische Modelle jedoch, die zum Handwerkszeug des Programmierers gehören, können wir in exemplarischer Weise in diesem Buch beschreiben, wobei uns als Beispielsammlung unter anderem der Assembler selbst dient. Einige Aufgaben der Informationsverarbeitung können wir wenigstens nennen; sie bestehen darin, Organisationsformen und Organisationsmittel zu entwickeln, zu analysieren und zu beschreiben; der Informatiker benötigt zu ihrer Lösung eine durch Theorie und Erfahrung erworbene allgemeine Denkschulung, sowie Kenntnisse aus vielen speziellen Disziplinen. Mancher Leser wird daher die Auswahl des Stoffes als zu knapp empfinden.

Die in diesem Buch verwendete Assemblersprache wurde eigens erfunden. Sie mußte einfach sein, aber trotzdem die Behandlung nichttrivialer Beispiele bei mäßigem Programmumfang ermöglichen; sie mußte dem Verfasser zur Verfügung stehen, aber trotzdem lehrhaft sein. Den Nachteil, daß sie nur an einem Maschinentyp (derzeit ELECTROLOGICA X1) zur Verfügung steht, teilt sie mit jeder anderen Assemblersprache.

Wie bei der Abfassung des ersten Teiles war die Zusammenarbeit mit dem Verlag sehr erfreulich.

Braunschweig, im August 1969 *Georg Bayer*

Inhaltsverzeichnis

Einleitung

Der erste Teil dieses Buches, das **Programmieren in Algol**, behandelte die problemorientierte Programmiersprache Algol. Durch die Anwendung von Algol können wir den Rechenautomaten (RA) mit relativ wenig Programmierarbeit für Rechenaufgaben im wissenschaftlich-technischen Bereich einsetzen. Eine problemorientierte Programmiersprache aber schöpft die universellen Anwendungsmöglichkeiten des RA als **Informationswandler** nicht voll aus. Der RA kann zum Beispiel zur Führung von Bankkonten, zur Überwachung von Fertigungsprozessen, zur Telefonvermittlung usw. eingesetzt werden. Für viele Teilbereiche von Anwendungen gibt es spezielle problemorientierte Programmiersprachen; eine sehr universelle und doch problemorientierte Programmiersprache, Algol 68, ist in Entwicklung begriffen.

Dennoch kann auf das Programmieren in einer maschinennahen Form nicht verzichtet werden:

1. Übersetzer für problemorientierte Programmiersprachen, Prozeduren zur Arithmetik und zur Ein/Ausgabe, den Einsatz des RA steuernde Betriebssysteme usw. müssen in maschinennaher Form programmiert werden (Programme der System-software).
2. Die Bequemlichkeit des Programmierens in einer problemorientierten Programmiersprache muß damit bezahlt werden, daß die von Übersetzern erzeugten Objektprogramme im allgemeinen langsamer sind (Faktor *1.5* und mehr in der Rechenzeit) als die von geschickten Programmierern in maschinennaher Form geschriebenen. Oft aber kommt es darauf an, die Rechengeschwindigkeit des RA voll auszunutzen.
3. Manchmal kommt es darauf an, ganz spezielle Funktionen des RA auszunutzen.

Wir versuchen in diesem Buch, den Bereich des Programmierens vom Maschinencode bis hin zu Algol zu beleuchten. Dabei geht es in den Beispielen weniger darum, Aufgaben in maschinennaher Form zu programmieren, die auch in Algol gut lösbar sind, sondern wir wollen zugleich Arbeitsweisen und Modelle kennenlernen. Wir finden sie u. a. in dem Assembler selbst. Zum Schluß des Buches sollte der Leser in der Lage sein, selbst einen Assembler zu programmieren.

Wir setzen die Kenntnis der wichtigsten Begriffe aus dem ersten Teil des Buches voraus, und wir werden Programme durch einfache, in Algol geschriebene Anweisungen kommentieren.

1. Die Struktur des digitalen Rechenautomaten

1.1. Modell des klassischen Universal-Rechenautomaten

Für das Programmieren in einer Assemblersprache ist es unerläßlich, einen Blick auf die Funktionseinheiten des RA zu werfen, denn die Befehle – das sind die elementaren Anweisungen an den RA – sprechen einzelne Funktionseinheiten an.

Das klassische Modell des **Universal-Rechenautomaten** (URA) wurde von *John v. Neumann* (1946/47) gekennzeichnet.
(v. Neumann, John: *Entwicklung und Ausnutzung neuerer mathematischer Maschinen. Arbeitsgemeinschaft für Forschung des Landes Nordrhein-Westfalen, Heft 45, Westdeutscher Verlag Köln und Opladen 1955.)*

Modell des Universal-Rechenautomaten

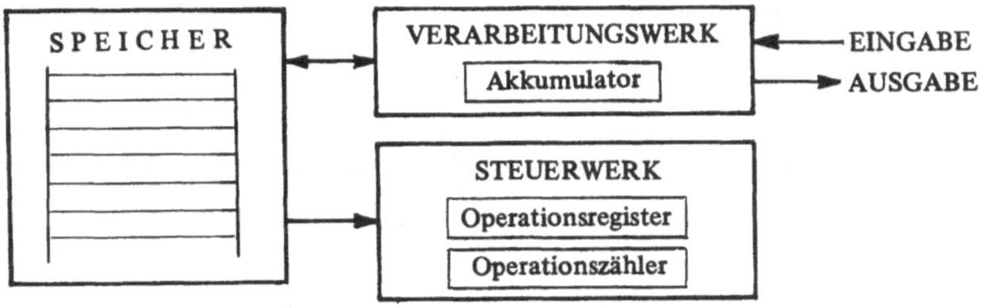

In der Abbildung sind die Funktionseinheiten durch Kästchen symbolisiert; die Pfeile geben Übertragungsleitungen an.

Der URA besitzt einen **Speicher**, der aus numerierten **Speicherzellen** besteht. (Dieser Speicher ist der Arbeitsspeicher, vgl. 5.4. im ersten Teil des Buches.) Jede Speicherzelle nimmt eine Information fester Länge (z. B. eine 8-stellige ganze Zahl oder 4 alphanumerische Symbole) auf. Der Inhalt einer Speicherzelle heißt ein **Speicherwort** oder kürzer **Wort**. Diese Informationen werden wir in Abschnitt 1.3. genauer beschreiben. Eine Speicherzelle kann unter ihrer Platznummer (auch **Adresse** genannt) angesprochen werden. Die gespeicherte Information kann in ein zentrales Register (**Akkumulator**) gebracht werden, der Inhalt des Akkumulators kann in eine angegebene Speicherzelle geleitet und dort gespeichert werden usw. Wird eine Speicherzelle ausgelesen, dann bleibt das Speicherwort erhalten, d. h. es kann immer wieder „gelesen" werden. Die aus einer Speicherzelle ausgelesene Information kann nicht nur in den Akkumulator gebracht werden, sondern auch mit der im Akkumulator enthaltenen Information zu einer neuen Information verknüpft werden (z. B. kann eine ausgelesene Zahl zu einer Zahl im

Akkumulator addiert werden; das Ergebnis steht anschließend im Akkumulator). Solche Verknüpfungen werden im **Verarbeitungswerk** ausgeführt; der Akkumulator ist ein Bestandteil des Verarbeitungswerkes.

Die im letzten Absatz beschriebenen Verknüpfungen sind Beispiele für **elementare Operationen** („Ausführungsschritte") des RA. Sie heißen **Befehle**. Die Befehle vergleichen wir mit den Anweisungen eines Algolprogramms. Ein von uns (in einer Assemblersprache) geschriebenes Programm ist aus Befehlen aufgebaut. Das Programm wird gespeichert; wir stellen uns vor, daß die Befehle in aufeinanderfolgenden Speicherzellen abgelegt sind. Wir können den RA starten, wobei wir ihm die Adresse des ersten auszuführenden Befehls mitteilen. Dann arbeitet der RA alle Befehle selbsttätig nacheinander ab (bis zu einem Stoppbefehl). Für das Ablesen und Durchführen der einzelnen Befehle sorgt das **Steuerwerk**.

Nach Ausführung eines Befehls kommt der in der nächsten Speicherzelle stehende Befehl an die Reihe, wenn nicht der Befehl gerade ein **Sprungbefehl** war (vergleichbar der Sprunganweisung in Algol). Die Wirkung eines Sprungbefehls besteht darin, dem Steuerwerk die Adresse des nächsten auszuführenden Befehls mitzuteilen. Es gibt auch **bedingte Sprungbefehle**: Der Sprung, d. h. die Mitteilung einer neuen Befehlsadresse an das Steuerwerk, wird nur dann ausgeführt, wenn eine im bedingten Sprungbefehl ausgedrückte Bedingung erfüllt ist (z. B. „wenn der Akkumulator eine negative Zahl enthält"). Der Universal-Rechenautomat besitzt schließlich noch die Möglichkeit zur **Ein- und Ausgabe** von Informationen.

Fassen wir zusammen:
Der Universal-Rechenautomat nach *John von Neumann* besitzt

1. einen adressierten Speicher zur Aufnahme von Befehlen und anderen Informationen (z. B. Zahlen)
2. ein Verarbeitungswerk
3. ein Steuerwerk
4. Ein/Ausgabe-Organe.

Der URA arbeitet

/ nach einem gespeicherten Programm, indem die

/ Befehle normalerweise in der Reihenfolge abgearbeitet werden, in der sie gespeichert sind.

/ Es gibt Sprungbefehle, und

/ es gibt bedingte Sprungbefehle.

Wir werden die interne Funktionsweise des URA noch einmal in Abschnitt 2.3. beschreiben.

Daß moderne Rechenanlagen in manchen Punkten von dem beschriebenen klassischen Modell abweichen, ist für unser Ziel zunächst ohne Bedeutung.

1.2. Modell einer Übungsmaschine

Der Programmierer muß eine modellhafte Vorstellung von der Anlage, mit der er umgeht, haben. Den RA, für den wir programmieren wollen, nennen wir URA (*Übungsrechenanlage* oder *Universal-Rechenautomat*) und beschreiben seine Struktur, soweit sie der Programmierer kennen muß.

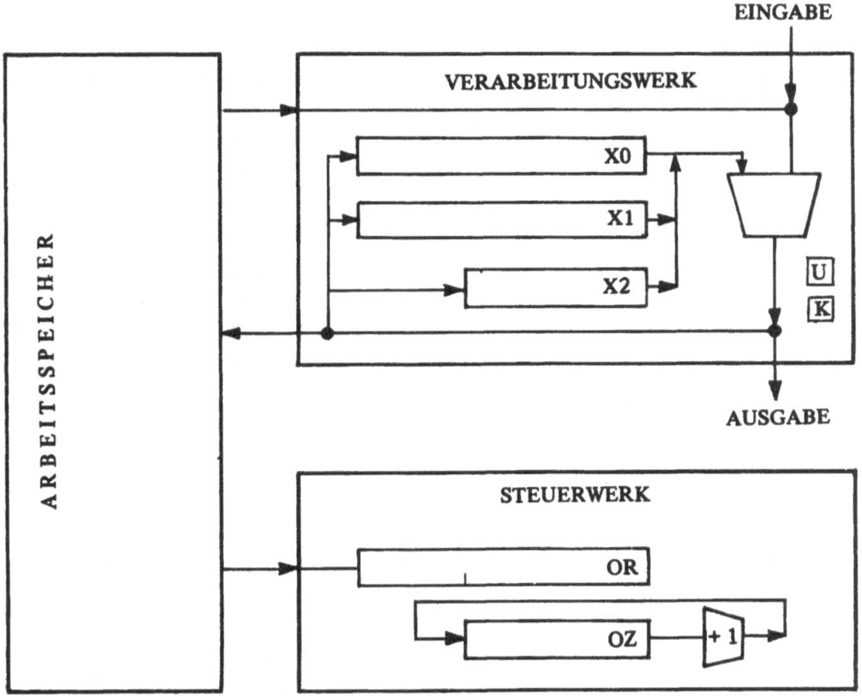

Im Verarbeitungswerk erkennen wir 3 Akkumulatoren (Rechenregister) X0, X1, X2, sowie zwei weitere Register, nämlich das Konditionsregister K und das Überlaufregister U. (Ein **Register** zeichnet sich vor den Speicherzellen durch besondere Funktionen aus; z. B. hat der Akkumulator Zugang zu jeder Speicherzelle.) Ein trichterförmiges Gebilde symbolisiert ein Verknüpfungswerk. Man erkennt, daß zwei Operanden verknüpft werden können, nämlich ein aus dem Speicher kommender Operand und ein aus einem der Akkumulatoren kommender Operand. Das Ergebnis kann in einen der Akkumulatoren oder in den Speicher geschrieben werden. Über das Verknüpfungswerk läuft auch jeder Transport vom Speicher zu einem Akkumulator und umgekehrt (dem Verknüpfungswerk wird dann nur **ein** Operand zugeführt), ebenfalls die Ein/Ausgabe.

Die Speicherzellen haben untereinander keine Verbindung. Soll der Inhalt einer

Speicherzelle in eine andere geschrieben werden (etwa a := b in Algol), dann muß die Information über einen Akkumulator laufen. Wir haben zwei Befehle (Anweisungen) zu geben:

Bringe Inhalt von 4096 nach X0;
Speichere X0 nach 5001;
(wobei in Zelle 4096 der Wert der Variablen b, in 5001 der Wert der Variablen a stehen soll).

Im Steuerwerk erkennen wir das zweigeteilte **Operationsregister** OR. Es enthält jeweils den in Ausführung befindlichen Befehl, nachdem es ihn aus dem Speicher übernommen hat. Der **Operationszähler** OZ enthält jeweils die Adresse des nächsten auszuführenden Befehls. Da dieser im allgemeinen der im Speicher in der nächstfolgenden Zelle stehende ist, muß der Operationszähler immer wieder um 1 erhöht werden, was durch ein Verknüpfungswerk „*+ 1*" angedeutet ist. Von OR aus wird die Ausführung des in OR stehenden Befehls gesteuert: Wir dürfen uns von OR ausgehend Steuerleitungen denken, die hier ein Tor für den Informationstransport schließen, dort eines öffnen, dem Verknüpfungswerk die Art der Verknüpfung (z. B. Multiplikation, Addition) mitteilen usw.

Eine verfeinerte Betrachtung des Modells würde in die Einzelheiten des logischen Entwurfs und der Schaltungen führen. Zum Beispiel würden wir erkennen, daß die zum Speicher führenden Leitungen aus mehreren einzelnen Leitungen bestehen, weil die Übertragung eines Speicherwortes parallel geschieht.

Zur Erklärung:
Serielle Übertragung der Buchstaben | a | b | c | d | *in vier Takten über eine Leitung:*

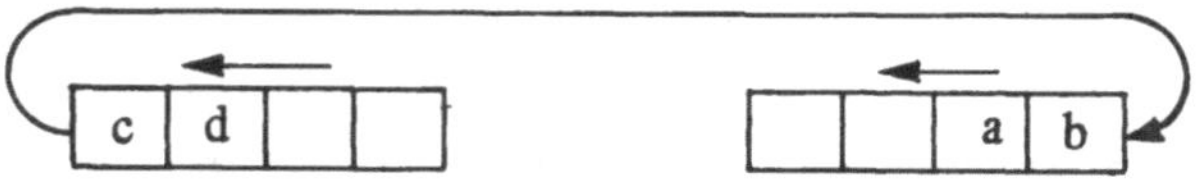

Parallele Übertragung in einem Takt auf vier Leitungen:

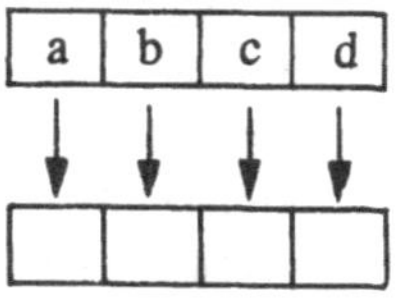

Eine parallele Übertragung ist schneller als eine serielle. Für die Verknüpfung von Informationen im Verknüpfungswerk kommt ebenfalls serielle oder parallele Verarbeitung infrage, was sich in den Leistungsdaten des RA niederschlägt.

Als Ausgabegeräte hat URA eine Schreibmaschine und einen Streifenlocher, als Eingabegerät einen Lochstreifenleser.

1.3. Die interne Darstellung von Informationen

Die Speicher und Register des RA sind aus Elementen aufgebaut, die zwei verschiedene Zustände annehmen können (technisch z. B. ein Ferritkern, der in der einen oder anderen Richtung magnetisiert ist).

Wir nennen ein solches Speicherelement unabhängig von seiner technischen Ausführung eine **Binärstelle.** Es speichert eine Ja-Nein-Entscheidung, indem es zwei Zustände annehmen kann. Die Zustände werden durch **Binärzeichen** (z. B. **true, false;** z. B. 0,1) beschrieben. Die elementare Informationsmenge einer Ja-Nein-Entscheidung nennt man ein **bit** (zusammengezogen aus dem Englischen *binary digit*). Eine Binärstelle speichert die Informationsmenge 1 bit; die gebräuchlichen Binärzeichen sind **0** und **1**.

Eine Speicherzelle besteht aus einer festen Anzahl von Binärstellen; bei URA ist die **Wortlänge** eines Speicherwortes 27 bit.

Mit **Information** bezeichnen wir hier eine endliche Folge von Binärzeichen. Können wir mit einer Information, also mit einem *Muster* aus den Werten **0** und **1** eine bestimmte Bedeutung verknüpfen, dann hat die Information für uns einen Informationsgehalt. Die elementare Informationseinheit, die im RA zwischen Speicher, Registern usw. transportiert wird, ist im allgemeinen ein **Wort,** d. h. eine Information von der Länge eines Speicherwortes. Wir bezeichnen die Binärstellen eines Wortes wie folgt:

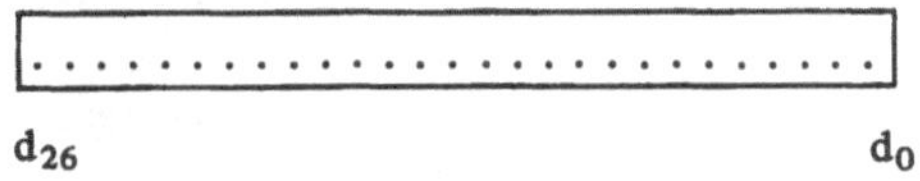

Die vom RA zu verarbeitenden Informationen (Zahlen, Befehle, Zeichen usw.) sind intern in den Speichern des RA in festgelegter Weise durch Binärzeichen dargestellt (codiert).

1.3.1. Darstellung von Festpunktzahlen

Positive ganze Zahlen z werden als Dualzahlen dargestellt, wobei die Binärzeichen **0** und **1** zugleich die Dualziffern 0 und 1 sind.

$$z = d_{25} \times 2^{25} + d_{24} \times 2^{24} + \ldots + d_1 \times 2^1 + d_0 \times 2^0$$

$$d_i = 0,1 \qquad (i = 0, \ldots, 25)$$

$$d_{26} = 0 \qquad \text{(Vorzeichenstelle)}$$

z. B.

+	*96*	000 01100000

$= 2^6 + 2^5$

+ 67108863	011 1

$= 2^{25} + 2^{24} + \ldots + 2^1 + 2^0 = 2^{26} - 1$
ist die größte darstellbare positive Zahl.

Negative ganze Zahlen werden in URA als das stellenweise Komplement der entsprechenden positiven Zahl dargestellt.

z. B.

-	*96*	111 10011111
	- 67108863	100 0

(kleinste darstellbare negative ganze Zahl).

Bei einer negativen Zahl ist also immer $d_{26} = 1$.
Addiert man a und - a formal als Dualzahlen, dann erhält man

(- 0)	1 1

Dieses Wort ist die Darstellung der Null, und zwar einer *negativen Null (- 0).*

Als Dualzahl hat dieses Wort den Wert $2^{27} - 1$, außerhalb des darstellbaren Zahlenbereiches liegend.

Man spricht daher von der Darstellung negativer Werte als **„Komplement zu $2^t - 1$"**, wobei t die Wortlänge bezeichnet (t = 27 bei URA). Das „$2^t - 1$ Komplement" der *- 0* muß ebenfalls Null sein; man erhält

+ 0	0 0

Es gibt also hier zwei Darstellungen der Null. Wir halten jedoch fest, daß das Ergebnis einer Subtraktion a - a stets - 0 ist.

Eine andere gebräuchliche Darstellung (nicht in URA!) ist das „2^t-Komplement", das wir in 1.3.4. beschreiben.

Bei Addition zweier sehr großer positiver Zahlen bzw. zweier sehr kleiner negativer Zahlen wird der Zahlenbereich nach oben bzw. nach unten überschritten;

man spricht von einem **Überlauf** *(overflow)*. Das Ergebnis der Operation ist falsch.

z. B.	$+ 2^{25}$	010 0
	$+ 2^{25}$	010 0
liefert	$- 67108863$	10 0
		(*formal* 2^{26})

Das Auftreten eines Überlaufs wird in einem Register der Länge 1 bit, dem Überlaufregister U, angezeigt. Es ist U = 1, falls ein Überlauf auftrat, sonst U = 0. Näheres dazu bringen wir in Abschnitt 2.3.2.

(Durch ein Schaltwerk hat man für $c := a + b$ übrigens zu bilden

$$U := (a_{26} \equiv b_{26}) \wedge \neg (c_{26} \equiv a_{26}),$$

d. h. *Überlauf liegt vor, wenn die Operanden* a und b *vom gleichen Vorzeichen sind, und das Ergebnis ein anderes Vorzeichen als die Operanden hat.)*

Denken wir uns einen Punkt zwischen zwei Binärstellen, dann haben wir eine **Festpunktzahl** dargestellt. Sie hat eine feste Stellenzahl und besteht aus einem ganzzahligen Anteil links vom gedachten Punkt und einem bruchzahligen Anteil rechts davon. Bei ganzen Zahlen dürfen wir uns einen Punkt rechts von d_0 denken. Steht der Punkt zwischen d_{26} und d_{25}, dann haben wir echte **Dualbrüche**. Die Addition und Subtraktion von Zahlen mit Punkt ist völlig identisch mit der von ganzen Zahlen. Lediglich bei Division und Multiplikation ist die Verschiebung des Punktes beim Ergebnis zu berücksichtigen (völlig analog zu den entsprechenden Operationen mit Dezimalbrüchen). Der Punkt ist nicht dargestellt; seine Stellung wird durch einen sogenannten Skalierungsfaktor beschrieben.

		6 $^3/_4$
z. B.	*6.75*	0 011011
		↑ gedachter Punkt

als ganze Zahl: *27*
mit Skalierungsfaktor 2^{-2}: 27×2^{-2}

1.3.2. Darstellung von Gleitpunktzahlen

Gleitpunktzahlen x in der normierten, halblogarithmischen Darstellung

$$x = xm \times 2^{xe}, \quad 1/2 \leqslant |xm| < 1$$

werden ebenfalls durch Dualzahlen dargestellt, und zwar die **Mantisse** xm als Dualbruch

$$xm = b_{-1} \times 2^{-1} + b_{-2} \times 2^{-2} + \ldots,$$

der **Exponent** xe als ganze Dualzahl.
Mantisse und Exponent sind in einem oder in mehreren Speicherworten unterzubringen.

In URA geschieht die Darstellung in 2 Maschinenworten:

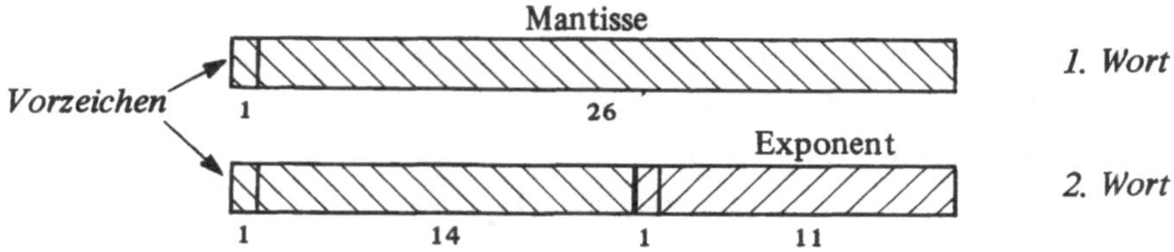

Das Vorzeichen der Gleitpunktzahl erscheint in beiden Worten. Die Mantisse hat 40 Dualstellen. In dem Feld für den Exponenten wird die Zahl

$$xe^* = xe + 2^{11}$$

untergebracht. Da $0 \leqslant xe^* < +2^{12}$,
können so Exponenten xe mit $-2^{+11} \leqslant xe < 2^{+11}$
dargestellt werden, also ein Exponentenbereich von

$$2^{-(2^{+11})} \text{ bis } 2^{+(2^{11})} \text{ entsprechend etwa } 10^{-617} \text{ bis } 10^{+617}.$$

Die letzte Mantissenstelle hat den Wert

$$2^{-40} \text{ entsprechend etwa } 10^{-12.0412} \approx 0.9 \times 10^{-12}$$

Zahlenbeispiele:

+ 1.0	010000000000000000000000000		$= 1/2 \times 2^1$
	000000000000000	100000000001	
+ 0.005	0101000111xxxxxxxxxxxxxxxxx		
	0xxxxxxxxxxxxxx	011111111001	
- 0.005	1010111000xxxxxxxxxxxxxxxxx		
	1xxxxxxxxxxxxxx	011111111001	

(+ 0.005 = 5/1000 = 1/200 = 128/200 × 2^{-7}
Um die ersten Stellen der Mantisse zu errechnen, bilden wir
128/200 × 512/512 = 327.68/512
327 ist dual **101000111**)

Eine Bereichsüberschreitung oder -unterschreitung bei Gleitpunktoperationen kennt URA nicht. Überschreitet ein Wert den Zahlenbereich, so setzt URA die größte darstellbare Gleitpunktzahl mit entsprechendem Vorzeichen, entsprechend bei Unterschreitung die kleinste darstellbare Gleitpunktzahl.

1.3.3. Darstellung von Befehlen

Ein **Befehl** von URA besitzt einen **Funktionsteil** und einen **Adreßteil**.

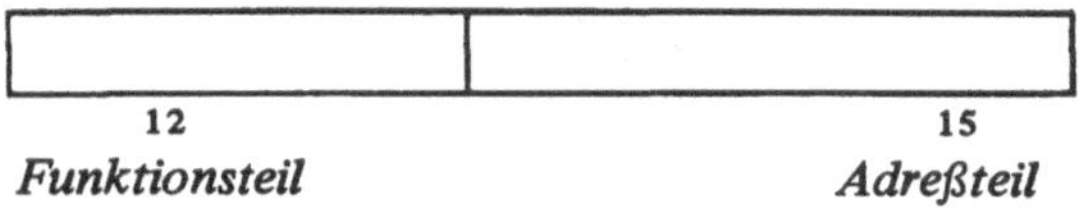

Es handelt sich um einen sogenannten Einadreßbefehl. Der Adreßteil nennt i. a. die Adresse **einer** Speicherzelle (als Festpunktzahl dargestellt), der Funktionsteil beschreibt eine vom Automaten auszuführende Handlung (z. B. eine Addition, einen Sprung usw.).

Es ist für den Programmierer selten nötig, den Schlüssel zu kennen, nach welchem der Funktionsteil codiert ist (Befehlscode). Im allgemeinen läßt diese Verschlüsselung erkennen, welche Funktionseinheiten des RA von einem Befehl angesprochen werden. Bei einem sogenannten **analytischen Befehlscode** beschreibt jede Binärstelle die Beteiligung einer bestimmten Funktionseinheit an der Ausführung des Befehls. Im anderen Extremfall, dem **synthetischen Befehlscode**, nennt der Funktionsteil eine mehr oder weniger willkürlich gewählte „Befehlsnummer".

Die (Einadreß-) Befehle beschreiben elementare Anweisungen an den RA, die in Algol z. B. lauten könnten:

akkumulator := akkumulator * operand |
operand := operand * akkumulator |
goto adresse |
if akkumulator < 0 **then goto** adresse | *usw.*

Dabei steht * für einen Verknüpfungsoperator, Operand ist die durch den Adreßteil beschriebene Speicherzelle, die wir als Variable auffassen dürfen.

Im Adreßteil können die Adressen 0 . . . 32767 dargestellt werden. Dies sind gerade alle Adressen, die der Arbeitspeicher von URA kennt. Hat ein RA einen größeren Arbeitspeicher, dann drückt der Adreßteil nur die letzten Stellen der angesprochenen Adresse aus, während die führenden Stellen in einem *Adressen-Basis-Register* stehen, das der Programmierer geeignet zu füllen hat.

Durch den Funktionsteil von 12 bit können theoretisch $2^{12} = 4096$ verschiedene Befehle beschrieben werden.

1.3.4. Andere Darstellungen von Informationen

Wir haben bisher die Darstellungen von Zahlen und Befehlen in URA besprochen, so als ob andere Darstellungen nicht möglich wären. Dies ist nicht der Fall; es folgen hier einige ergänzende Bemerkungen.

Man kann eine Festpunktzahl dadurch binär darstellen, daß man jede Dezimale einzeln als 4-stellige Dualzahl darstellt. (BCD-Codierung, d. h. binary coded decimal.)

z. B. 96

1001	0110
9	6

Durch 4 bit aber können 16 Zeichen dargestellt werden (entsprechend den Dualzahlen **0000 0001 0010 0011** . . . . **1111**), wogegen nur die Ziffernzeichen 0 . . . 9 darzustellen sind. Die Codierung ist, wie man sagt, redundant. Wählt man die Codierung der Ziffern 0 . . . 9 nach der folgenden Tabelle, dann führt die Verfälschung einer Binärstelle zu einem ungültigen Muster und ist damit als Fehler erkennbar. U. a. mit den Fragen der Codierung, der Sicherung der Übertragung usw. befaßt sich die Informationstheorie.

0	**11000**	5	**01010**
1	**00011**	6	**01100**
2	**00101**	7	**10001**
3	**00110**	8	**10010**
4	**01001**	9	**10100**

Der Programmierer muß die für seinen RA speziell gültigen Informationsdarstellungen kennenlernen, damit er das Verknüpfungswerk als Schaltwerk sinnvoll einsetzen kann. Es kann sein, daß ein Programmierer weitere spezielle Informationen kennenlernen muß, wenn der RA dafür spezielle Verarbeitungsmöglichkeiten hat. Gibt es bei einem RA den Befehl

> *„Fülle Akkumulator mit nächstem Zeichen von einer Lochkarte"*,
>
> dann muß man die interne Darstellung eines alpha-numerischen Zeichens (= Buchstabe, Zahlzeichen) kennen, und gibt es einen Befehl
>
> *„Bringe Kanalzustandswort in den Akkumulator"*,

dann muß man ein Kanalzustandswort zu entschlüsseln wissen.

Im übrigen ist es natürlich die Aufgabe des Programmierers, die in seinem Problem zu verarbeitenden Informationen (seine Problemgrößen) in geeigneter Weise intern darzustellen.

z. B. *Die Beschreibung einer Person:*

K	G	T	M	J
6	1	5	4	11

Mit 27 bit in einem Maschinenwort könnte man ausdrücken:
K: ganze Zahl, die ein besonderes Kennzeichen beschreibt (64 Möglichkeiten)
G: 0 für männlich, 1 für weiblich
T, M, J: Geburtsdatum, durch drei ganze Zahlen dargestellt.

Man kann zwei Personenbeschreibungen addieren, so als wären es Festpunktzahlen. Freilich ist das Ergebnis wenig sinnvoll. Der RA verarbeitet i. a. die Informationen ohne Rücksicht auf deren Interpretation durch den Programmierer. Es kann z. B. sein, daß infolge eines Programmierfehlers eine Zahl in das Operationsregister gelangt. Stellt die Zahl (zufällig) einen Befehl dar, so wird dieser ausgeführt.

Eine andere gebräuchliche Darstellung negativer Festpunktzahlen ist das **2^t-Komplement:**
- a wird als Dualzahl $2^t - a$ dargestellt.
z. B.

+ 7	0 0111
- 7	11 1001
- 1	11 111

Bildet man $+a-a$, dann erhält man formal 2^t, in der internen Darstellung jedoch Null.

0	0 0

Diese Zahlendarstellung hat nur eine (positive) Null. Hat man – auf dem Papier – das Negative einer Zahl zu bilden, dann invertiert man die Zahl zunächst stellenweise (d. h. bildet das $2^t - 1$-Komplement) und addiert anschließend 1.

	- 7	11 1001
stellenw. Komplement		00 0110
	+ 7	0 0111

Der darstellbare Zahlenbereich ist nicht symmetrisch zur Null.

$2^{t-1} - 1$	*größte positive Zahl*	011 1
-2^{t-1}	*kleinste negative Zahl*	10 0

Während die Mehrzahl der RA Ein-Adreß-Maschinen sind, d. h. ihre Befehle sind Ein-Adreß-Befehle, gibt es auch Zwei-Adreß- und Drei-Adreß-Maschinen. Ein **Dreiadreßbefehl** enthält 3 Kernspeicheradressen im Adreßteil; seine Wirkung wird beschrieben durch

operand3 := operand1 * operand2 |
begin akkumulator := operand1 * operand2; **goto** adresse 3 **end** |
if akkumulator < 0 **then goto** adresse 1
  else if akkumulator = 0 **then goto** adresse 2
    else goto adresse 3 | *usw.*

Ein **Zweiadreßbefehl** enthält 2 Kernspeicheradressen im Adreßteil; seine Wirkung wird beschrieben durch

operand2 := operand2 * operand1 |
operand1 := operand2

(falls kein Akkumulator existiert).

1.4. Beispiele und Aufgaben

Wir wollen in diesem Abschnitt versuchen, uns mit binär dargestellten Zahlen etwas vertraut zu machen. Außerdem wollen wir mathematische Probleme der Darstellung von Zahlen und der Umrechnung von Darstellungen andeuten. (Literaturangabe: *De Vogelaere, R.: A set of basic input-output procedures. Comm. ACM, 8 (1968), S. 567–573.)*

Beispiel 1: *Addition von Festpunktzahlen*

Man muß manchmal mit Bleistift und Papier eine Operation des RA nachvollziehen.
Die Addition von zwei im Rechner dargestellten ganzen Zahlen a, b kann man, mit kleinen Korrekturen, formal als Addition von Dualzahlen ausführen.

Fall 1: $a \geqslant +0$, $b \geqslant +0$.
Formales Ergebnis $a + b$, *Überlauf falls* $a + b \geqslant 2^{t-1}$

Fall 2: $a \geqslant +0$, $b \leqslant -0$.
Formales Ergebnis $|a| + (2^t - 1 - |b|)$

Fall 2.1: falls $|a| > |b|$: $(a - |b|) - 1 + 2^t$,
d. h. das formale Ergebnis hat einen Übertrag an die nicht vorhandene Stelle d_t *(entspr.* 2^t*) und ist um 1 zu klein. Korrektur: „Übertrag auf das formale Ergebnis in* d_0 *addieren". Man erhält* $a - |b| > +0$.

Fall 2.2: falls $|a| \leqslant |b|$: $2^t - 1 - (a - |b|)$ *ist die Darstellung von* $(a - |b|) \leqslant -0$.

Fall 3: $a \leqslant -0$, $b \leqslant -0$.
Formales Ergebnis $(2^t - 1 - |a|) + (2^t - 1 - |b|) =$
$2^t - 1 - (|a| + |b|) - 1 + 2^t$
Korrektur wie in Fall 2.1.

Zahlenbeispiel:

	- 7	.111111111111111111111111000
	- 1	111111111111111111111111110
formale Addition liefert		111111111111111111111110110
		1 —— *Übertrag* ——→
Addition des Übertrags liefert Ergebnis	*- 8*	111111111111111111111110111

Zahlenbeispiel:

	+ 1	000000000000000000000000001
	- 7	111111111111111111111111000
liefert	*- 6*	111111111111111111111111001

Beispiel 2: *Darstellung von Festpunktzahlen*

Eine ganze Zahl z ist in einem Zahlensystem mit der Basis p darzustellen:

$$z = a_r\, p^r + \ldots + a_1\, p^1 + a_0\, p^0 .$$

Gesucht ist also die Ziffernfolge $a_r, \ldots, a_0$.
Um die Ziffer a_0 zu ermitteln, dividieren wir z durch p und erhalten das Ergebnis z' und den Rest a_0. Um a_1 zu ermitteln, wiederholen wir den gleichen Schritt für z' statt z. In Algol dargestellt lautet das Verfahren

```
   i := 0;
w: zstrich := z ÷ p;
   a[i] := z - zstrich × p;
   if zstrich > 0 then begin i := i + 1
                             z := zstrich;
                             goto w
                       end;
```

oder

```
for i := 0, i + 1 while z > 0 do
    begin zstrich := z ÷ p;
          a[i] := z - zstrich × p
          z := zstrich
    end;
```

Zahlenbeispiel: *69 ist als Dualzahl darzustellen.*

$$
\begin{aligned}
69 \div 2 &= 34 \text{ Rest } 1\\
34 \div 2 &= 17 \text{ Rest } 0\\
17 \div 2 &= 8 \text{ Rest } 1\\
8 \div 2 &= 4 \text{ Rest } 0\\
4 \div 2 &= 2 \text{ Rest } 0\\
2 \div 2 &= 1 \text{ Rest } 0\\
1 \div 2 &= 0 \text{ Rest } 1 \qquad \mathbf{1000101}
\end{aligned}
$$

Zahlenbeispiel: *35 ist im Zahlensystem mit der Basis 4 darzustellen:*

$$
\begin{aligned}
35 \div 4 &= 8 \text{ Rest } 3\\
8 \div 4 &= 2 \text{ Rest } 0\\
2 \div 4 &= 0 \text{ Rest } 2
\end{aligned}
$$

$$(203)_4 = 2 \times 4^2 + 0 \times 4^1 + 3 \times 4^0 = 35$$

Ein echter Bruch b ist in einem Zahlensystem mit der Basis p darzustellen. $(0 \leqslant b < 1)$

$$b = b_{-1}\, p^{-1} + b_{-2}\, p^{-2} + \ldots$$

Multiplizieren wir b mit p so erhalten wir

$$b \times p = b_{-1} + b',$$

wobei $b' = b_{-2}\, p^{-1} + b_{-3}\, p^{-2} + \ldots$ wiederum ein echter Bruch ist. Wir erhalten also die *erste Stelle b_{-1} nach dem Komma,* als den ganzzahligen Anteil von $b \times p$. Auf den verbleibenden bruchzahligen Anteil b' können wir den gleichen Verfahrensschritt anwenden und erhalten die zweite Stelle b_{-2} usw. Das Verfahren kann abbrechen, wenn es eine Potenz p^n von p gibt, so daß $b \times p^n$ ganzzahlig ist.

Zahlenbeispiel: *4/7 ist als Dualbruch darzustellen.*

$$
\begin{aligned}
4/7 \times 2 &= 1/7 + 1\\
1/7 \times 2 &= 2/7 + 0\\
2/7 \times 2 &= 4/7 + 0\\
4/7 \times 2 &= 1/7 + 1\\
4/7 &= .100100100\ldots\\
&= 2^{-1} + 2^{-4} + 2^{-7} + \ldots
\end{aligned}
$$

(Die Periode ist erkannt.)

Beispiel 3: *Ein- und Ausgabe von Festpunktzahlen.*

Bei der Ein- und Ausgabe von Dezimalzahlen sind Umrechnungen von dualer in dezimale Darstellung und umgekehrt vorzunehmen. Diese Aufgaben übernimmt der RA.

Eingabe: Das Vorzeichen und die Stellung des Dezimalpunktes sind gesondert zu berücksichtigen, im übrigen aber handelt es sich um die Eingabe ganzer Zahlen z (dezimal $z_n \ldots z_0$). Wir dürfen annehmen, daß die dezimalen Ziffern z_i dem Verarbeitungswerk als Dualzahlen zugeführt werden. Wir bauen dann die Dualzahl z nach dem Hornerschema aus dualen Zahlen z_i (in dualer Arithmetik) auf:

$$z = (\ldots(z_n \times 10 + z_{n-1}) \times 10 + \ldots + z_1) \times 10 + z_0$$

Ausgabe: Nach Berücksichtigung von Vorzeichen und Stellung des Kommas haben wir die Aufgabe, eine ganze Dualzahl und/oder einen echten Dualbruch im Dezimalsystem darzustellen. Die Lösung beschreiben die in Beispiel 2 dargestellten Algorithmen.

Sowohl bei der Eingabe wie bei der Ausgabe kann Rundung auf eine bestimmte Stellenzahl verlangt werden.

Zahlenbeispiel: *Eingabe von $z = 196$.*

$z := 0;$	000000000000000000000000000	
$z := z \times 10 + 1;$	000000000000000000000000001	*dezimal* 1
$z := z \times 10 + 9;$	000000000000000000000010011	*dezimal* 19
$z := z \times 10 + 6;$	000000000000000000011000100	*dezimal* 196

Zahlenbeispiel: *Eingabe von 1.96*

Zunächst wird 196 eingelesen, diese Zahl dann durch 10^2 dividiert.

Beispiel 4: *Eingabe von Gleitpunktzahlen*

Eine Gleitpunktzahl möge in normierter, halblogarithmischer Form vorliegen. (Andere Darstellungen lassen sich leicht auf diese Form zurückzuführen.) Vom Vorzeichen können wir absehen. Es mögen die Ziffernfolgen

$$\begin{array}{llll} m_{-1} & m_{-2} & m_{-3} & \ldots \text{ der Mantisse } m \text{ und} \\ e_r & e_{r-1} & e_{r-2} & \ldots \text{ des Exponenten } e \end{array}$$

einer dezimalen Gleitpunktzahl z vorliegen.

$$z = m \times 10^e, \text{ mit } 1/10 \leqslant m < 1.$$

Wir haben Mantisse und Exponent als Festpunktzahlen einzugeben, vgl. Beispiel 3, und daraus die Gleitpunktzahl $z = m^* \times 2^{e^*}$ in normierter dualer Darstellung aufzubauen,

$$1/2 \leqslant m^* < 1.$$

Wir schreiben

$$z = m^* \times 10^e \times 2^{e^*} \quad \text{mit } e^* = 0 \text{ und } m^* = m.$$

Fall 1: Es sei $e > 0$. Wir wandeln z um, indem wir durch 10 dividieren

$$e := e - 1$$

und mit 10 multiplizieren

$$m^* := m^* \times cm;$$
$$e^* := e^* + ce;$$

(wobei $10 = cm \times 2^{ce}$ ($= (1/2 + 1/8) \times 2^4$)).

Diesen Verfahrensschritt wenden wir solange an, bis $e = 0$ wird. Die erhaltene Zahl $m^* \times 2^{e^*}$. ist noch zu normieren.

Fall 2: Es sei $e \leqslant 0$. Ganz ähnlich besteht der Verfahrensschritt in

$$e := e + 1;$$
$$m^* := m^*/cm;$$
$$e^* := e^* - ce;$$

Wir haben hier nur das Prinzip des Verfahrens beschrieben. Bei praktischer Durchführung wird man darauf zu achten haben, keine Stellen bei der Division (Multiplikation) mit cm zu verlieren, und man wird ferner das Verfahren dadurch abzukürzen versuchen, daß man geeignete höhere Zehnerpotenzen zur Division (Multiplikation) heranzieht.

Zahlenbeispiel: Einzulesen ist $0.3_{10}2$

Es werden getrennt die ganze Zahl 3 und die ganze Zahl 2 eingelesen. Aus der ganzen Zahl 3 erhalten wir die Mantisse m durch Division mit 10.

$m = 0.3, \quad e = 2$

Umwandlungen schrittweise:

m*	e*	e
3/10	0	2
3/10 × 5/8	4	1
3/10 × 5/8 × 5/8	8	0

$$z = 15/128 \times 2^8, \text{ normiert } z = 15/16 \times 2^5$$

Aufgaben

1. *Ganze Zahlen (Festpunktzahlen) sollen nach der in 1.3. geschilderten Weise in zwei Worten statt in einem Wort dargestellt werden. Die Vorzeichenstellen (d_{26}) beider Worte sollen identisch sein. Die 52 Stellen einer Dualzahl sind dann in der angezeichneten Weise verkettet zu denken.*

Man gebe den Zahlenbereich an.
Man gebe die interne Darstellung folgender Zahlen an:
2^{26} | -2^{30} | -2^{25} | $2^{27}-1$ | -3 | -0

2. *Gleitpunktzahlen sollen nach der in 1.3. geschilderten Weise in einem Wort (27 bit) dargestellt werden.*
   a) *Welcher Zahlenbereich wird bei einer Darstellung durch 10 Stellen für den Exponenten und 17 Stellen für die Mantisse erfaßt? Wie ist die relative Genauigkeit?*
   b) *Es soll ein Zahlenbereich von etwa 10^{-2} bis 10^{+2} bei möglichst guter relativer Genauigkeit dargestellt werden. Man gebe die interne Darstellung und die erreichbare Genauigkeit an.*

3. a) *Die Dualzahl* **100101** *ist in eine Oktalzahl (im Zahlensystem mit der Basis 8) umzurechnen. Dazu verwende man duale Arithmetik. (Division durch 8 ist eine Verschiebung um 3 Dualstellen nach rechts.)*
   b) *Die Oktalzahl* $(4701)_8$ *ist einzugeben. Man führe die Rechnung in dualer Arithmetik durch.*

4. a) *Man gebe die Gleitpunktdarstellung der Zahlen 1, 2, 3, 4, 5 an.*
   b) *Welches ist die größte ganze Zahl, die ohne Rundungsfehler (Abbrechfehler) als Gleitpunktzahl darstellbar ist?*

2. Befehle und einfache Befehlslisten

Aus der Sicht des Programmierers ist der Befehl eine elementare Operation des RA. Der Ablauf eines Programms besteht in der Ausführung einer Folge von Befehlen, die, wenn wir zunächst von Sprungbefehlen absehen, in aufeinanderfolgenden Speicherzellen des RA gespeichert sind. Wir kümmern uns noch nicht darum, wie die Befehle, die wir im folgenden beschreiben werden, in den Arbeitsspeicher gelangen, und in welcher Codierung sie dort gespeichert sind. Wenn wir eine Folge von Befehlen anschreiben, dann denken wir sie uns immer in aufeinanderfolgenden Zellen des Arbeitsspeichers stehend.

Man ist versucht, Befehle mit einfachen Anweisungen in Algol zu vergleichen. Tatsächlich sind Befehle als Anweisungen, als sehr einfache Objekte einer Programmiersprache zu verstehen, deren Syntax recht trivial ist. Die Aufgabe eines einfachen Übersetzungsprogramms, des Assemblers, ist es, unsere Befehlslisten zu lesen und in den Speicher zu setzen. Die Bezeichnungen der Befehle sind so gewählt, daß sie den Programmierer an die Wirkung der Befehle erinnern. Wir kommen in Kapitel 3 auf den Assembler zurück. Die Programmiersprache auf der Grundlage von Befehlen nennen wir Assemblersprache. Statt von Programmen sprechen wir auch von **Befehlslisten**, da es auf diesem Sprachniveau das Programm als syntaktische Einheit im strengen Sinne nicht gibt.

Im Speicher des RA stehen Rechengrößen und Rechenvorschriften. Speicherinhalte können verarbeitet werden – es kann also auch eine Rechenvorschrift selbst verarbeitet, z. B. erzeugt oder geändert werden. Rechengrößen sind hier nicht nur die aus Algol bekannten, sondern schlechthin alle Speicherinhalte. Irgendwelche Rechengrößen können wir nicht wie in Algol deklarieren. Der Programmierer selbst muß Plätze für die Rechengrößen festlegen; er hat für die Unterbringung von Variablen, Konstanten, Marken, Prozeduren, Programm usw. im Speicher durch einen Speicherbelegungsplan zu sorgen.

Die Problemgrößen, z. B. eine Variable *u* oder z. B. die Funktion *Sinus*, die beim Programmieren in Algol durch u bzw. sin symbolisch angesprochen werden, sind im Speicher in Speicherzellen konkretisiert. Zum Beispiel kann der Programmierer im Speicherbelegungsplan festlegen, daß *u* in Speicherzelle 2018 liegen soll. Dies bedeutet:

1. Eine bestimmte Speicherzelle (2018) enthält zu jedem Augenblick den Wert, den die Variable *u* gerade hat.
2. Die Adresse dieser Speicherzelle ist der Bezug (Referenz) zum Wert von *u*. In Algol kommt als weiterer Bezug der Name u hinzu, es gibt also eine Zuordnung „*u* ↔ Speicherzelle ↔ u".

Ähnliches gilt für eine Rechenvorschrift (z. B. *Sinus*). Der Name sin nennt eine konkrete Rechenvorschrift; allgemeiner ausgedrückt ist er der Bezug zu einer Rechenvorschrift, deren Ausarbeitung einen Sinuswert liefert, weswegen man auch vom Wert der Rechenvorschrift sprechen könnte. Sowohl der Name sin als auch etwa die Beginnadresse der Rechenvorschrift *Sinus* sind Bezüge auf die Rechenvorschrift (den Wert der Rechenvorschrift).

Der einfachste Bezug zum Wert einer Problemgröße (auch Problemvariable) ist die Speicheradresse (absolute Adresse) der Variablen. Ein Befehl spricht einen Operanden durch eine Adresse an. Zum Beispiel müssen wir das wie oben durch Speicherbelegungsplan festgelegte *u* durch einen Befehl

„Bringe Inhalt von Zelle 2018 in den Akkumulator"

ansprechen, können aber dessen Wirkung in Algol durch

AKKUMULATOR := u

kommentieren.
Andere Adressierungen als die durch absolute Adressen nebst Speicherbelegungsplan werden wir erst in Kapitel 3 kennenlernen.

Die Wirkungen der meisten Befehle kann man durch Anweisungen in Algol beschreiben. Dazu legen wir einige Variable mit Namen fest.

- X0 *Akkumulator* X0, Typ **integer**, 27 bit
- X1 *Akkumulator* X1, Typ **integer**, 27 bit
- X2 *Akkumulator* X2, Typ **integer**, 16 bit
- O *Operationszählregister* O, Typ **integer**, 15 bit
- K *Konditionsregister* K, Typ **boolean**, 1 bit
- U *Überlaufregister* U, Typ **boolean**, 1 bit
- R *Akkumulator* R *für Gleitpunktzahlen*, Typ **real** (Pseudoregister bestehend aus X0, X1 und Zelle 32)
- MG *Indexregister* MG *für Gleitpunktbefehle*, Typ **integer**, 16 bit. (Pseudoregister bestehend aus Zelle 40.)

Die Akkumulatoren X0, X1, X2 können jedes Maschinenwort aufnehmen, gleichgültig ob das Wort als ganze Zahl zu interpretieren ist oder anders. Trotzdem ist es zweckmäßig, ihnen den Typ **integer** zuzuschreiben.

Steht *n* für irgendeine Adresse, dann bezeichne
- $\langle n \rangle$ eine Variable vom Typ **integer**; der Wert der Variablen ist der Inhalt der Speicherzelle mit der Adresse *n* (als ganze Zahl interpretiert);
- $\{n\}$ eine Variable vom Typ **real**; der Wert der Variablen ist der Inhalt der Speicherzellen *n* und $n + 1$ (als Gleitpunktzahl interpretiert).

Fest vereinbart sei ferner eine

integer procedure L(v);

dabei steht v für eine Problemvariable in dem oben besprochenen allgemeinen Sinn. L(v) liefert die Speicherplatznummer der Variablen v. Sind z. B. *m, n* Speicherplatznummern (absolute Adressen), dann ist also $L(\langle n \rangle) = n$ und $L(\{m\}) = m$. (L steht für *Location of*).

Die Befehle werden in den folgenden Abschnitten zwanglos eingeführt. Wir schreiben jeden Befehl auf eine neue Zeile. Es gilt generell, daß Befehle mit 4 Buchstaben zwei Maschinenworte einnehmen, alle anderen Befehle ein Wort.

2.1. Befehle zur Verarbeitung von Festpunktzahlen

Wir geben die Befehle und ihre Wirkungen an.

BX / 0 : n	*Wirkung:* $X0 := \langle n \rangle$

Es steht hier *n* für irgendeine Adresse. Die Wirkung des Befehls besteht darin, den Inhalt der Speicherzelle *n* in den Akkumulator X0 zu bringen. Man könnte auch sagen: *„Bringe den Wert einer Variablen, deren Adresse durch n angegeben ist, in den Akkumulator X0".* Dieser Befehl steht zwar unter der Überschrift „Befehle zur Verarbeitung von Festpunktzahlen", aber jedes Wort kann als Festpunktzahl gelesen werden, gleichgültig ob es im Sinne einer Aufgabe so zu interpretieren ist oder nicht. Das gilt sinngemäß für alle weiter zu beschreibenden Befehle.
Neben *BX / 0 : n* gibt es noch

BX / 1 : n	*Wirkung:* $X1 := \langle n \rangle$
BX / 2 : n	*Wirkung:* $X2 := \langle n \rangle$

Zur Aufzählung der Befehle schreiben wir daher kürzer für *i = 0, 1, 2:*

BX / i : n	$Xi := \langle n \rangle$	Bringe nach X
AX / i : n	$Xi := Xi + \langle n \rangle$	Addiere zu X
SX / i : n	$Xi := Xi - \langle n \rangle$	Subtrahiere von X
NX / i : n	$Xi := - \langle n \rangle$	Negativ nach X

(Die dritte Spalte soll auf die Mnemotechnik hinweisen. Sehr einfach wäre es, direkt die beschreibende Algolanweisung als die Befehlsbezeichnung einzuführen, also z. B. $X0 := \langle n \rangle$ und $X1 := X1 + \langle n \rangle$ *usw.*
Dies ist indes leider kaum gebräuchlich. Man könnte auch durch die Einführung eines besonderen Zeichens Schreibarbeit sparen, z. B. $X1 +: \langle n \rangle$ *für* $X1 := X1 + \langle n \rangle$.*)*

Die oben aufgeführten Befehle rubriziert man manchmal als *Ein-Befehle,* weil das Ergebnis in den Akkumulator (*ein*)gebracht wird. Die Befehle *BX* und *NX* sind *Transportbefehle.* Die als nächste beschriebene Gruppe von Befehlen ist die der *Aus-Befehle,* die einen Wert *aus* dem Akkumulator in den Speicher bringen.

BS / n : i	⟨*n*⟩ := X*i*	Bringe in Speicher
AS / n : i	⟨*n*⟩ := ⟨*n*⟩ + X*i*	Addiere zu Speicher
SS / n : i	⟨*n*⟩ := ⟨*n*⟩ - X*i*	Subtrahiere von Speicher
NS / n : i	⟨*n*⟩ := - X*i*	Negativ nach Speicher

Das Umspeichern von einem Register in das andere veranlassen die Befehle

XX / i : j	X*i* := X*j*	
NXX / i : j	X*i* := - X*j*	*(i, j = 0, 1, 2)*

Um den Überlauf, der bei Addition oder Subtraktion auftreten kann (vgl. 1.3.1.), kümmern wir uns erst in 2.3.2.

Beispiele: Speicherbelegungsplan: a in 2000
b in 2001
c in 2002
d in 2003
e in 2004

e := a + b – c;
BX / 0 : 2000
AX / 0 : 2001
SX / 0 : 2002
BS / 2004 : 0

e := e + d;
BX / 1 : 2003
AS / 2004 : 1

e := e + 2 × b + 3 × c; (oder e := e + (b + c) + (b + c) + c);

	Erläuterung:	*oder*
BX / 0 : 2001	X0 := ⟨2001⟩;	X0 := b + c;
AX / 0 : 2002	X0 := X0 + ⟨2002⟩;	
AS / 2004 : 0	⟨2004⟩ := ⟨2004⟩ + X0;	e := e + X0;
AX / 0 : 2002	X0 := X0 + ⟨2002⟩;	X0 := X0 + c;
AS / 2004 : 0	⟨2004⟩ := ⟨2004⟩ + X0;	e := e + X0;

Der Leser kann sich vorstellen, daß das letzte Beispiel auf mannigfache Art gelöst werden kann. Die Lösungen unterscheiden sich in Speicherbedarf und Zeitbedarf. Wir werden in den Kapiteln 4. und 5. dazu Stellung nehmen.

Für das Ergebnis einer **Multiplikation** werden 2 Maschinenworte, nämlich die verkoppelt zu denkenden Register X0 und X1 bereitgestellt. Umgekehrt bei **Division.** Der Dividend steht im Doppelregister X0X1, der Quotient in X1.

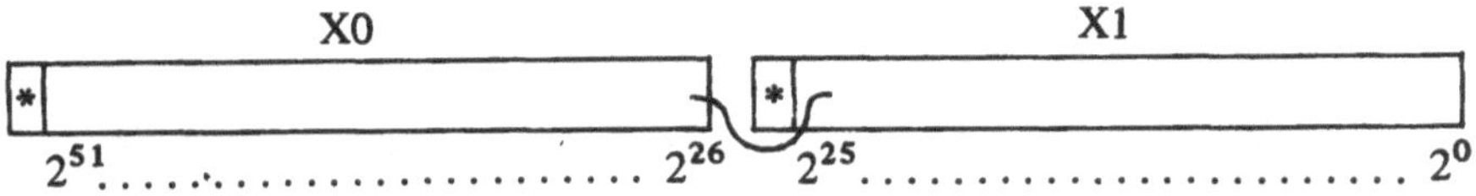

Die Vorzeichenstellen des Doppelregisters müssen identisch sein. Bei einer Multiplikation kann nie ein Überlauf auftreten, da das Produkt zweier Maschinenworte nicht länger sein kann als zwei Worte. $[(2^{26} - 1) \times (2^{26} - 1) < 2^{52} - 1]$

MX / n	X0X1 := X1 × ⟨*n*⟩	Multipliziere **X** mit
DX / n	X1 := X0X1 ÷ ⟨*n*⟩	Dividiere X0X1 durch

Der Quotient in X1 ist im mathematischen Sinne vorzeichenrichtig. Der ganzzahlige Rest wird in X0 hinterlassen und hat das Vorzeichen des Dividenden.

Beispiel: e := a × b - c × d;

BX / 1 : 2000	X1 := a;
MX / 2001	X0X1 := X1 × b;
BS / 2004 : 1	e := X1;
BX / 1 : 2002	X1 := c;
MX / 2003	X0X1 := c × d;
SS / 2004 : 1	e := e - X1;

Wir haben im letzten Beispiel angenommen, daß die Produkte $a \times b$ und $c \times d$ die Kapazität eines Maschinenwortes nicht überschreiten. Dies entspricht der Situation, die normalerweise beim Programmieren in Algol vorliegt: Ein Wert vom Typ integer wird in einem Wort gespeichert. Wir haben die Möglichkeit, in zwei Worten „doppeltlange" Zahlen unterzubringen, doch wir wollen nicht weiter darauf eingehen.

Beispiele: e := 7 ÷ 3;

	Speicherbelegung
	7 in 2507
BX / 1 : 2507	3 in 2508
BX / 0 : 2509	+ 0 in 2509
DX / 2508	e in 2004
BS / 2004 : 1	

Man beachte: Die Zahl *7* ist in das **Doppelregister** X0X1 zu bringen. Es ist also sowohl X1 als auch X0 zu füllen und zwar X0 mit *+ 0*. Das Ergebnis ist X1 = *2*, Rest X0 = *1*.

e := (- 7) ÷ 3;

NX / 1 : 2507	
NX / 0 : 2509	
DX / 2508	Ergebnis X1 = - *2*
BS / 2004 : 1	Rest X0 = - *1*

Beispiel: *Rechnen mit echten Brüchen*

Ein Maschinenwort stelle einen echten Bruch *b* dar. Zahlenbereich

$$0 \leqslant |b| < 1.$$

d_{26} d_{25} . . . . d_0

*	

2^{-1} . . . . 2^{-26} (Stellenwerte)

Addition und Subtraktion sind problemlos mit den genannten Befehlen auszuführen. Ein Überlauf zeigt eine Überschreitung des Zahlenbereiches an.

Die Multiplikation liefert einen *doppeltlangen* Bruch.

z. B. | 010 . . . . 01 | × | 010 . . . . 01 |

$(2^{-1} + 2^{-26})$ × $(2^{-1} + 2^{-26})$

liefert | 0010 . . . . 01 | | 0 . . . . 01 |

$(2^{-2} + 2^{-26} + 2^{-52})$

BX / 1 : 2500	$2^{-1} + 2^{-26}$ in 2500
MX / 2500	$2^{-2} + 2^{-26}$ in 2501
BS / 2501 : 0	

Das Ergebnis in X0X1 wäre zu runden, was wir mit unseren bisherigen Kenntnissen nur durch Weglassen der Stellen in X1 lösen können.

Zur Division hängen wir umgekehrt dem Dividenden bedeutungslose Nullen an.

$(2^{-2} + 2^{-26})$	0010 01	0 0
$\div (2^{-1} + 2^{-26})$		010 01
liefert in X1 2^{-1}		010 0
in X0 den Rest 2^{-27}		010 0

BX / 0 : 2501
BX / 1 : 2509
DX / 2500

Den Bruch *3/7* (gerundet) erzeugen wir durch

BX / 0 : 2508
BX / 1 : 2509
DX / 2507 in X1.

Die Division a ÷ b kann den Zahlenbereich für echte Brüche überschreiten, wenn $1 > |a| \geqslant |b|$

2^{-1}	010 0	0 0
$\div 2^{-1}$		010 0
liefert	00 001	,ein falsches Ergebnis.

Zur Behandlung des Beispiels 7 ÷ 3 haben wir die Werte *7* und *3* im Speicher bereitgestellt. Diese *Konstanten* müssen wir wie Problemvariable behandeln, da die Befehle, die wir bisher kennengelernt haben, Inhalte von Speicherzellen ansprechen; der Adreßteil eines solchen Befehls gibt die Adresse des Operanden an, der zur Ausführung des Befehls aus dem Speicher gelesen wird. Kann man den Operanden nicht direkt angeben, das heißt, kann nicht der Befehl den Operanden selbst mitführen anstatt dessen Adresse? Die Frage enthält bereits die Antwort: Der Adreßteil selbst kann zum Operanden erklärt werden. Es gibt **Befehle zum Rechnen mit Adressenzahlen**, also mit den ganzen Zahlen, die auch als Adressen vorkommen können. Bei URA wird so ein Zahlenbereich von - 32767 . . . + 32767 erfaßbar. Man spricht auch von **direkten Operanden**.

BXL /i : n	X*i* := L(⟨*n*⟩)	Bringe nach **X** den Wert **L(⟨*n*⟩)** usw.
AXL /i : n	X*i* := X*i* + L(⟨*n*⟩)	
SXL /i : n	X*i* := X*i* - L(⟨*n*⟩)	
NXL /i : n	X*i* := - L(⟨*n*⟩)	

(Wir erinnern uns: L(⟨*n*⟩) ist die Platznummer der durch die Adresse *n* beschriebenen Variablen.)

Beispiele:

e := 7 ÷ a;	Speicherbelegung
BXL / 1 : 7	a in 2000
BXL / 0 : 0	b in 2001
DX /2000	c in 2002
BS /2004 : 1	e in 2004

e := e + 2 × b + 3 × c;

BXL / 1 : 2	
MX /2001	
AS /2004 : 1	e := e + 2 × b;
BXL / 1 : 3	
MX /2002	
AS /2004 : 1	e := e + 3 × c;

(Dieses Beispiel haben wir bereits einmal ohne Multiplikationsbefehle behandelt. Dort brauchten wir einen Befehl weniger; auch müssen wir für eine Multiplikation etwa den zehnfachen Zeitbedarf einer Addition ansetzen.)

Das Register X2 hat übrigens gerade eine für Adressenzahlen ausreichende Kapazität (16 bit = Vorzeichenstelle und 15 bit). Für die Übertragung ganzer Worte von und nach X2 gilt:

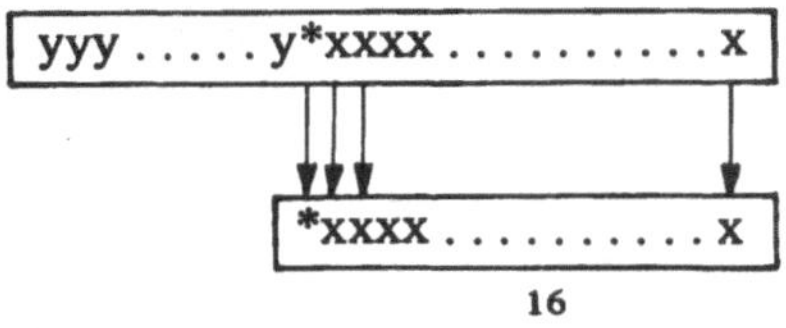

(Nach X2 werden nur die letzten 16 Stellen übernommen.)

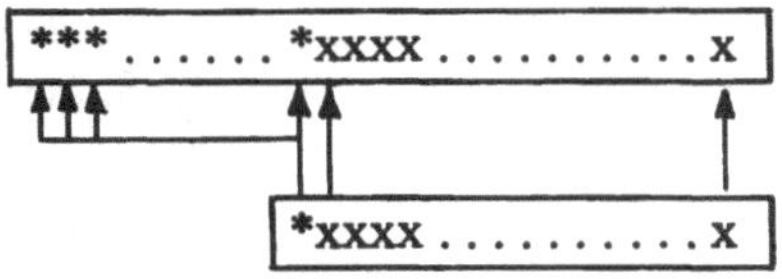

(Bei Transport aus X2 werden die letzten 15 Stellen transportiert, alle übrigen Stellen mit dem Vorzeichen gefüllt.)

Beispiel: a := a - 1;

BXL /2 : 1

SS /2000 : 2

2.2. Befehle zur Verarbeitung von Gleitpunktzahlen

Die Verarbeitung von Gleitpunktzahlen geschieht anders als die von Festpunktzahlen; Gleitpunktzahlen werden in zwei Worten dargestellt. Es gibt daher einen besonderen Akkumulator R für die Gleitpunktzahlen. In URA ist dieser Akkumulator (aus Kostengründen) allerdings nicht als Funktionseinheit der *hardware* vorhanden, sondern wird u. a. aus den Registern X0 und X1 gebildet. Überdies benötigt jeder Gleitpunktbefehl auch das Register X2. Zur Darstellung fast aller Gleitpunktbefehle werden zwei Worte benötigt.

Zusammengefaßt bedeutet dies für den Programmierer: Jede Gleitpunktoperation verändert die Inhalte von X0, X1, X2; soll ein Befehl den Inhalt von R nicht ändern, dann darf nur X2 benutzt werden. Diese Einschränkungen erweisen sich als nicht gravierend.

Die Befehle sind

BRGP /n	R := {*n*}	**Bringe nach R Gleitpunktzahl** usw.
ARGP /n	R := R + {*n*}	
SRGP /n	R := R - {*n*}	
DRGP /n	R := R / {*n*}	
MRGP /n	R := R X {*n*}	
NRR	R := - R	**Negativ R nach R**
BSGP /n	{*n*} := R	**Bringe in den Speicher eine Gleitpunktzahl**

Beispiele:

y := x ↑ 2 + u X x + v; oder y := (x + u) X x + v;

BRGP /3006
ARGP /3000
MRGP /3006
ARGP /3002
BSGP /3008

Speicherbelegung
u in 3000, 3001
v in 3002, 3003
w in 3004, 3005
x in 3006, 3007
y in 3008, 3009
z in 3010, 3011
1.0 in 3500, 3501

y := y - 1.0;
BRGP /3008
SRGP /3500
BSGP /3008

(Man bemerke: Wir haben für Gleitpunktzahlen keine „Aus-Addition" und keine direkten Operanden zur Verfügung.)

Für die Verknüpfung von Operanden mit verschiedenen Typen dürfen wir nicht wie in Algol erwarten, daß automatisch eine geeignete Umwandlung erfolgt. Wir benötigen daher **Befehle zur Typenumwandlung.**

XR	X0 := R	Akkumulator **X0** ergibt sich aus **R** usw.
RX	R := X0	

Sollte beim Befehl *XR* der Zahlenbereich für ganze Zahlen überschritten werden, dann erhalten wir vom RA eine Fehleranzeige.

Beispiel:

y := y + a;
BX /0 : 2000
RX
ARGP /3008
BSGP /3008

Speicherbelegung
a in 2000, **integer**
y in 3008, 3009, **real**

Auch die Aufgabe y := y - 1 könnte mit einer Typumwandlung erledigt werden:

```
NXL /0 : 1
RX                    usw.
```

Wegen der Zeitersparnis, auf die wir bereits bei Algol hingewiesen haben (Teil I, 2.7.2.), ist jedoch y := y - 1.0 unter Bereitstellung der Konstanten 1.0 im Speicher zweckmäßiger. Typumwandlungen sollen möglichst vermieden werden.

Für das Rechnen mit Gleitpunktzahlen haben wir noch folgende, den **Standardfunktionen** in Algol entsprechende Befehle.

SQ	R := sqrt(R)
SIN	R := sin(R)
COS	R := cos(R)
EXP	R := exp(R)
LN	R := ln(R)
ATG	R := arctan(R)

Beispiel:

y := sin(x) / cos(x);

BRGP /3006	
COS	y := cos(x);
BSGP /3008	
BRGP /3006	
SIN	R := sin(x);
DRGP/3008	R := R / y;
BSGP /3008	y := R;

2.3. Sprungbefehle

Für ein tieferes Verständnis der Sprungbefehle wollen wir den Mechanismus betrachten, nach welchem der RA ein Programm abarbeitet. Nehmen wir an, es befinde sich ein Programm im Kernspeicher (man sagt es sei *geladen*), der RA arbeite nicht.

Wir wollen das Programm starten: Dazu müssen wir dem RA die Startadresse mitteilen und ein Startsignal geben. Da das Operationszählregister O immer die Adresse des nächsten auszuführenden Befehls enthält, bedeutet das Mitteilen der Startadresse eine Wertzuweisung an O. Nach dem Startsignal holt das Steuerwerk den durch O angezeigten Befehl aus dem Speicher, es erhöht O um 1, es führt den ausgelesenen Befehl aus, liest dann wieder den durch O angegebenen Befehl (es ist i. a. der im Speicher nächste) usw. Die Ausführung eines

Sprungbefehls besteht darin, den Operationszähler O auf die im Befehl als Sprungziel angegebene Adresse zu setzen. Dieser Zyklus wird automatisch so lange weitergeführt, bis ein Stoppbefehl oder ein Eingriff von außen ihn unterbricht, d. h. den Automaten stoppt.

Der Grundzyklus

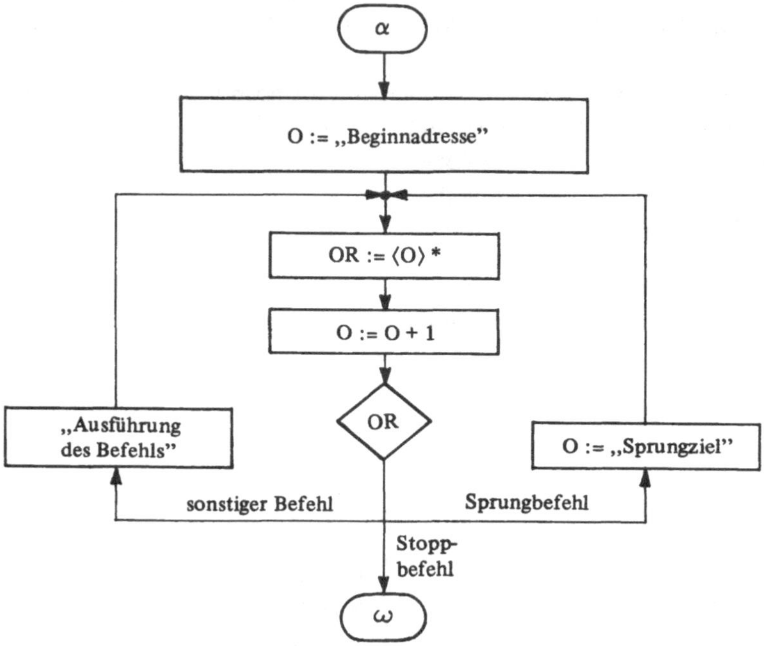

* Lies: Bringe nach OR die Information, deren Adresse der Wert von O angibt. (Der Wert von O ist stets eine Adressenzahl.)

Den oben skizzierten Ablauf nennt man **Grundzyklus**; er kann wie ein Programmablaufplan in einem Diagramm beschrieben werden. Der Ablaufplan zeigt uns einen zeitlichen Ablauf. Tatsächlich arbeiteten die ersten RA so. Heute hat man das zeitliche Nacheinander teilweise in zeitliches Nebeneinander gebracht; z. B. kann man sich leicht vorstellen, daß O := O + 1 zugleich neben der Ausführung des Befehls stattfindet. Der logische Gehalt des Grundzyklus als strenges Nacheinander gilt heute noch für den Programmierer; dies scheint das Programmieren zu erleichtern und ist auch zweckmäßig, wenn man mit **einem** Programm genau **ein** Verarbeitungswerk steuert. Arbeiten jedoch gleichzeitig neben Verarbeitungswerk und Steuerwerk noch weitere Funktionseinheiten des RA, dann ist das zeitliche Zusammenspiel noch besonders zu betrachten, was uns in 5.2. beschäftigen wird.

Es ist für den Programmierer kaum interessant, die „Ausführung des Befehls" genauer zu kennen als sie durch die Wirkung des Befehls beschrieben ist. Jedoch können wir uns in diesem Zusammenhang folgende interessante Aufgabe stellen: Die für den Rechenautomaten B zu konstruierende *software* kann an B nicht getestet werden, da sich B noch in technischer Entwicklung befindet. Es steht aber ein Rechenautomat A zur Verfügung, um B zu simulieren. Die Simulation geschieht durch ein Programm, dessen grobe Struktur durch den Grundzyklus beschrieben wird – die wesentlichen Einzelheiten stecken in der „Ausführung des Befehls".

Wir beschreiben zwei Arbeitstechniken für die Simulation. Bei der **interpretativen Technik** erklären wir die Register des Automaten B als Variable, z. B. XB, RB, OB usw. Ein Programm für B liegt uns als Befehlsliste vor; wir bringen sie als Text *(string)* in den Speicher. Diesen Text muß A wie ein Programm für B verarbeiten. Ausführen eines Befehls bedeutet, den Befehlstext zu analysieren und die Anweisung, die er (codiert) darstellt, auszuführen, z. B. RB := RB + $\langle n \rangle$.

Bei der **compilativen Technik** fassen wir den Befehlsvorrat von B als eine Programmiersprache für A auf. Ein für B vorliegendes Programm müssen wir dann in ein durch A ausführbares Programm übersetzen, so wie ein Quellenprogramm in Algol übersetzt wird in ein Objektprogramm.

Eine ähnliche Aufgabenstellung liegt darin, Programme für A, möglichst ohne sie zu ändern, auch an B auszuführen. Da die interpretative Technik zu unwirtschaftlich wäre (dynamische Verlängerung um ein Vielfaches), die compilative Technik aber sehr schwierig sein kann, liegen hier sehr vielseitige Probleme.

2.3.1. Einfache Sprungbefehle

Die Sprungbefehle sind nun durch den Grundzyklus leicht verständlich. Ein Sprungbefehl setzt O auf die Adresse, wo die Abarbeitung der Befehlsliste fortgesetzt werden soll.

O /n	O := $\langle n \rangle$
OL /n	O := L($\langle n \rangle$)

Da die Adressen *n* Bezugspunkte (Marken) im Speicher sind, können wir

OL /n durch **goto** *n*

beschreiben. Die Beschreibung O := L($\langle n \rangle$) scheint dagegen unnötig kompliziert zu sein. Tatsächlich gilt $L(\langle n \rangle) = n$, falls *n* eine Adressenzahl ist, und wir dürfen O := *n* schreiben, z. B. O := 1024.

Gewöhnlich gibt es noch Befehle, die den Operationszähler erhöhen oder erniedrigen, wozu das Verarbeitungswerk beansprucht wird. Es kann uns hier aber nicht darum gehen, alle üblichen Befehle vorzustellen.

Unter den Sprungbefehlen führen wir auch den Stoppbefehl

OH

auf.

2.3.2. Bedingte Sprungbefehle

Bedingte Sprungbefehle haben die Wirkung, daß der Sprung nur dann ausgeführt wird, wenn eine gewisse Bedingung erfüllt ist. URA hat zu diesem Zweck das Konditionsregister K mit der Kapazität 1 bit; dort wird der Wert **true** oder **false** notiert, nämlich der Wert der Relation $Xi \geqslant +0$ oder $Xi = 0$ oder $R > 0.0$.

KXP / i	K := X*i* ⩾ + 0
KXZ / i	K := X*i* = 0
KRP	K := R > 0

Auf den Wert von K nehmen die folgenden bedingten Sprungbefehle Bezug.

OLT / n	**if** K **then** O := L(⟨*n*⟩)
OLF / n	**if** ¬ K **then** O := L(⟨*n*⟩)

Ebenfalls ein bedingter Sprungbefehl nimmt auf den Wert des Überlaufregisters U Bezug (vgl. 1.3.1.).

OLU / n	**if** U **then begin** U := **false**; O := L(⟨*n*⟩) **end**

Bei unseren bisherigen Beispielen war es nicht nötig, die Adressierung der Befehle im Speicher anzugeben. Jetzt müssen wir dies tun, damit wir Sprungziele für die Sprungbefehle angeben können. Damit ist auch das Programmieren etwas schwieriger geworden. Wir müssen uns auf Adressen festlegen; nachträgliche Änderungen der Befehlsliste ziehen eventuell die Änderung von Sprungbefehlen nach sich.

Beispiele:

a := **if** b > c **then** b **else** c

Speicherbelegung

a in 2000
b in 2001
c in 2002

4000	*BX /0 : 2001*	
4001	*SX /0 : 2002*	
4002	*KXP / 0*	
4003	*OLF / 4006*	**if** b - c ⩽ 0 **then goto** 4006;
4004	*BX /0 : 2001*	X0 := b;
4005	*QL / 4007*	**goto** 4007;
4006	*BX /0 : 2002*	4006 : X0 := c;
4007	*BS /2000 : 0*	4007 : a := X0;

y := abs (x);

```
4000    BRGP / 7004
4001    *
4002    KRP
4003    OLT   / 4005
4004    NRR
4005    BSGP / 7022
4006    *
```

Speicherbelegung
x in 7004, 7005
y in 7022, 7023

*(Wir müssen darauf achten, daß gewisse Befehle zwei Worte einnehmen. Das Anschreiben von * soll uns die Adressenzählung erleichtern.)*

Programmabschnitt für eine verteilerähnliche Verzweigung:

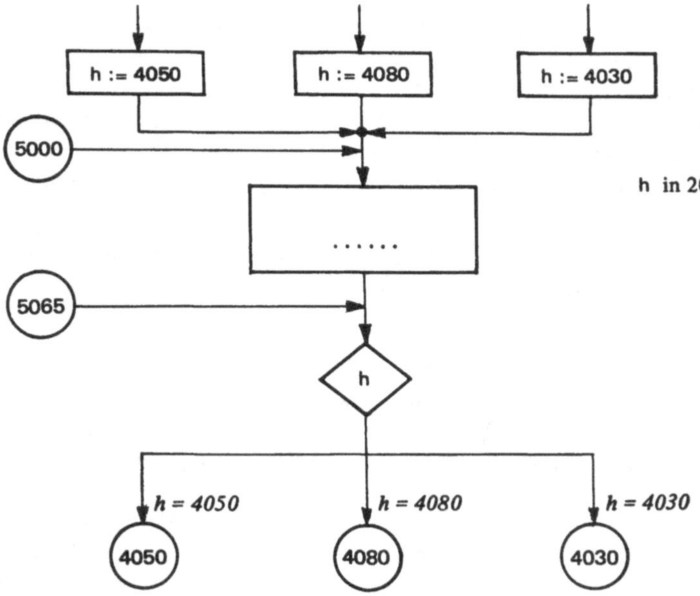

h in 2018

```
        BXL / 2 : 4050     BXL / 2 : 4080     BXL / 2 : 4030
        BS   / 2018 : 2    BS   / 2018 : 2    BS   / 2018 : 2
5000    .                  OL   / 5000        OL   / 5000
.       .
.       .
.       .
.       .
5065    O    / 2018
```

2.3.3. Der Zählsprung

Wir können in eine Zelle eine ganze Zahl setzen (Zähler) und beim „Zählsprung" darauf Bezug nehmen: Der Zähler wird um 1 vermindert und ein Sprung ausgeführt, falls der Zähler positiv ist.

OZ / n : n2	⟨*n2*⟩ := ⟨*n2*⟩ - 1; **if** ⟨*n2*⟩ > 0 **then** O := L(⟨*n*⟩)

Bei URA sind als Zähler nicht alle Zellen, sondern nur die Zellen *n2* = 3, 4, 5, 6, 7 zugelassen. Diese Speicherzellen erhalten also zusätzliche spezielle Eigenschaften, weshalb wir von Pseudoregistern sprechen.

Der Zählsprung ist ein gut geeignetes Instrument zur Steuerung von **Laufanweisungen** (Schleifen). Nimmt eine Laufvariable nacheinander die auf der Laufliste stehenden Werte an (typisch ist das **step-until**-Element), dann wird damit in den meisten Fällen zweierlei erreicht: Erstens wird die Laufvariable fortgeschaltet und zweitens wird die Anzahl der Schleifendurchläufe festgelegt. Beim Programmieren im Maschinencode ist es fast immer zweckmäßig, logisch zu trennen zwischen Zählung der Schleifendurchläufe und Fortschaltung der Laufvariablen, weil der Zählsprung eine einfache Zählung mit Endabfrage liefert. Außerdem stellt eine Laufvariable zumeist einen Index dar – Indices aber treten im Maschinencode meist nicht wie in Algol als gewöhnliche Variable auf. (Das Indizieren wird in 2.5. behandelt.)

Beispiel: *Eine Funktion ist zu tabellieren, wobei das Argument von – 1.0 bis + 2.0 in Schritten von 0.2 läuft.*

In Algol würden wir schreiben

for x := - 1.0 **step** 0.2 **until** 2.05 **do** . . .

Wir formulieren jedoch im Maschinencode günstiger:
Eine Schleife ist 16 mal zu durchlaufen, zum ersten Mal mit x = – 1.0. Der Inhalt der Schleife besteht in der Errechnung eines Funktionswertes und in der Fortschaltung x := x + 0.2.

			Speicherbelegung
7000	*BXL /2 : 16*	Zähler setzen	- 1.0 in 6500, 6501
7001	*BS /3 : 2*	⟨3⟩ := 16;	+ 0.2 in 6502, 6503
7002,3	*BRGP / 6500*	Anfangswert	x in 6504, 6505
7004,5	*BSGP / 6504*	x := - 1.0;	
7006	.	Schleife:	
.	.	Funktion	
.	.	berechnen usw.	
7120,1	*BRGP / 6504*		
7122,3	*ARGP / 6502*	x := x + 0.2;	
7124,5	*BSGP / 6504*		
7126	*OZ / 7006 : 3*	Zählsprung	

2.3.4. Der Unterprogrammsprung

Der Prozedur in Algol entspricht das Unterprogramm im Maschinencode. Ein Unterprogramm ist ein Programmstück, das durch einen (speziellen) Sprungbefehl angesteuert wird und das nach Ablauf an die Stelle des Aufrufs zurückführt. Die Probleme der Übergabe von Parametern behandeln wir erst in 4.3.
(Wir erinnern uns: „Der Aufruf einer Prozedur wirkt wie die Ausführung eines Blocks, bestehend aus dem Prozedurkörper, . . .".) Den dynamischen Befehlsablauf bei Aufruf eines Unterprogramms können wir skizzieren.

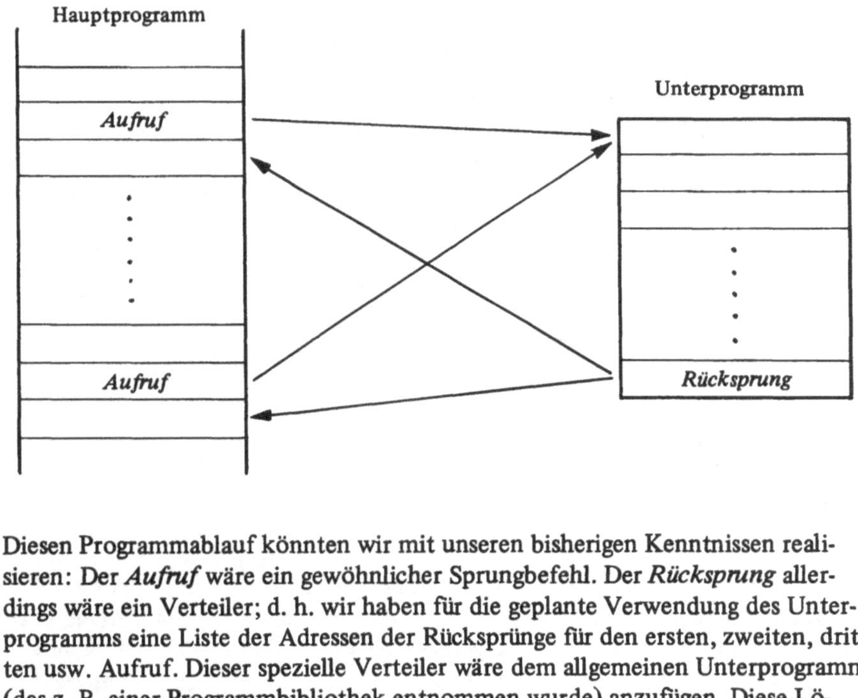

Diesen Programmablauf könnten wir mit unseren bisherigen Kenntnissen realisieren: Der *Aufruf* wäre ein gewöhnlicher Sprungbefehl. Der *Rücksprung* allerdings wäre ein Verteiler; d. h. wir haben für die geplante Verwendung des Unterprogramms eine Liste der Adressen der Rücksprünge für den ersten, zweiten, dritten usw. Aufruf. Dieser spezielle Verteiler wäre dem allgemeinen Unterprogramm (das z. B. einer Programmbibliothek entnommen wurde) anzufügen. Diese Lösung ist nur diskutabel, nicht praktikabel.

Die Skizze zeigt uns die sachgerechte Lösung. Bei Ausführung von *Aufruf* enthält der Operationszähler gemäß dem Grundzyklus bereits die um 1 erhöhte Adresse, und das ist gerade diejenige Adresse, an die der *Rücksprung* erfolgen muß. Bei Ausführung von *Aufruf* muß also der augenblickliche Stand des Operationszählers als Rückkehradresse notiert werden. Dies ist die Wirkung des **Unterprogrammsprungs**. Der *Rücksprung* bedient sich der notierten Rückkehradresse.

OUP / n : nl	$\langle nl\rangle$:= O; O := L($\langle n\rangle$)
	nl = 11, 12, 13, 14, 15

Der Stand des Operationszählers wird in der angegebenen Speicherzelle *n1* notiert. Bei URA sind dafür einige Pseudoregister vorgesehen.

Beispiel: *Unterprogramm zur Berechnung von* $\sinh(x) = (e^x - e^{-x})/2.0$ *(entsprechend einer Funktionsprozedur).*

Das Argument wird im Register R dem Unterprogramm vorgelegt, das Ergebnis vom Unterprogramm in R hinterlassen.

Unterprogramm

5000	*EXP*	
5001	*BSGP /5012*	⟨5012⟩ := exp(x);
5003	*BRGP /5014*	
5005	*DRGP /5012*	R := 1.0/⟨5012⟩;
5007	*SRGP /5012*	R := R - ⟨5012⟩;
5009	*DRGP /5016*	R := - R/2.0;
5011	*O /11*	Rücksprung (an die in 11 notierte Adresse)
5012	——	Hilfsspeicher
5014	*1.0*	Konstante 1.0
5016	- 2.0	Konstante - 2.0

Aufrufbeispiel: y := sinh(x); x in 4900
y in 4908

BRGP /4900
OUP /5000 : 11
BSGP /4908

Wir bemerken: Hilfsspeicher und Konstanten gehören zum Unterprogramm. Da diese hier mit ihren absoluten Adressen (z. B. 5014) angesprochen werden, **muß** das Unterprogramm ab Zelle 5000 gespeichert sein und **kann nicht** auf andere Speicherplätze gelegt werden. Das ist eine starke Einschränkung, die wir erst in Kapitel 3 zu überwinden lernen.

Wir bemerken: Der Rücksprung *O/11* ist ein für das Unterprogramm charakteristischer Befehl. Es muß daher mit *OUP/n:11* aufgerufen werden.

2.4. Stellenweise Verarbeitung von Binär-Informationen

Die Befehle, die wir jetzt kennenlernen, lassen sich nicht in Algol beschreiben, da es in Algol nicht den Zugriff zu einzelnen Binärstellen eines Wortes gibt.

IU /h : n	In *Xh* wird stellenweise das logische Und mit ⟨*n*⟩ ausgeführt	Binärstellenweise logisches Und
IUL /h : n	. . . Und mit L(⟨*n*⟩) ausgeführt	

h = 0,1, d. h. diese Operation ist nur in den Akkumulatoren X0 oder X1 möglich.
Seien $X_{26}\,X_{25}\ldots X_0$ und $d_{26}\,d_{25}\ldots d_0$ zwei binäre Informationsworte, dann wird also

$$X_i := X_i \wedge d_i \quad \text{für } i = 0, \ldots, 26$$

ausgeführt.
Gebraucht werden diese Intersektionsbefehle, um Teile eines Wortes auszuschneiden (zu **extrahieren**). Die Information, mit Hilfe derer ausgeschnitten wird, kann man auch als **Maske** bezeichnen.

Beispiele:

Mit der Maske `000000000000000000000000001` läßt sich die letzte Dualstelle einer positiven ganzen Zahl ausschneiden. Wir können fragen, ob X0 geradzahlig ist.

IUL /0 : 1	Ausblenden der letzten Stelle.
KXZ /0	Ist nun X0 = 0? Wenn ja, dann war X0 durch 2 teilbar.
IUL /0 : 32767	schneidet den Adreßteil eines in X0 stehenden Befehls aus. $32767 = 2^{15} - 1$.
IU /0 : 3500	schneidet den Funktionsteil eines in X0 stehenden Befehls aus, wenn ⟨3500⟩ = – 32767

Die Werte der Binärstellen eines Wortes kann man verschieben. Dazu denke man sich alle Stellen in einem Ring angeordnet, d_{26} an d_0 anschließend (**Schiebebefehle**, engl. *shift*).

ILL /h : n3	*Xh* wird um L(⟨*n3*⟩) Stellen links rundgeschoben
IRL /h : n3	*Xh* wird um L(⟨*n3*⟩) Stellen rechts rundgeschoben
h = 0, 1;	$0 \leqslant n3 \leqslant 27$

Beispiel:

Ab Zelle 500 stehe ein Unterprogramm, das eine Lochreihe von einem Lochstreifen liest und als 6-stellige Binär-Information im Akkumulator X0 abliefert. Wir schreiben ein Programmstück, welches 4 Lochreihen S1 bis S4 im

Akkumulator X0 aufbaut.

100	S1	S2	S3	S4
3	6	6	6	6

BXL /0:4	Bringe 0....0100 nach X0 *
ILL /0:6	Verschiebe um 6 Stellen nach links rund
BS /2000:0	Bringe nach (Hilfsspeicher) 2000
OUP /500:11	Unterprogramm: Nächste Lochreihe nach X0
AX /0:2000	Addiere dazu Hilfsspeicher
KXP /0	Noch Platz?
OLT /...	Wenn ja, springen

* Diese Information dient nur zur bequemen Anzeige, ob das Wort schon gefüllt ist.

2.5. Adressenänderungen

Ein eindimensionales Feld von Variablen a[0], . . ., a[20] liege auf den Adressen 2000, . . ., 2020. Wir wollen die Summe b dieser Elemente berechnen. Dazu können wir 21 Additionsbefehle hintereinander schreiben. Daß dies nicht sinnvoll sein kann, zeigt uns eine kleine Veränderung der Aufgabenstellung: a[0], . . ., a[m] sind zu summieren; wieviele Additionsbefehle haben wir nun aufzuschreiben?

Sicherlich müssen wir die Aufgabe

b := 0; (**integer** b; **integer array** a[0 : m];)
for i := 0 **step** 1 **until** m **do** b := b + a[i];

durch eine Schleife programmieren.

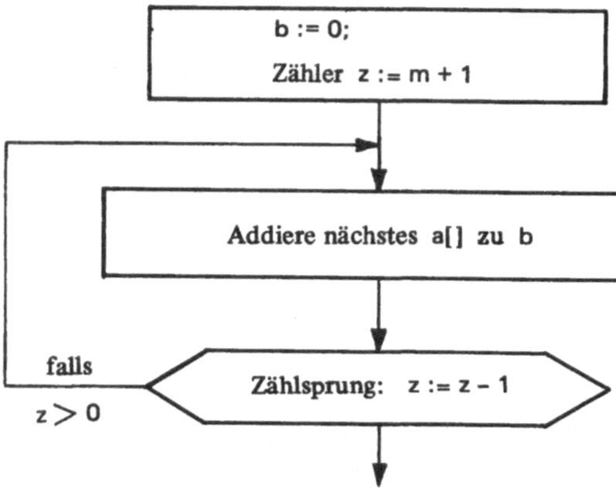

Speicherbelegung:
a[0] in 2000
a[1] in 2001
.
.
.
b in 2500
m in 2501

Der Inhalt der Schleife ist also im wesentlichen **ein** einziger Additionsbefehl, der nacheinander die Operanden ⟨2000⟩, ⟨2001⟩, . . . ansprechen muß. Wir beschreiben im folgenden drei Möglichkeiten für die nötige Adressenänderung.

2.5.1. Adressensubstitution

Mit unseren bisherigen Kenntnissen können wir folgende Lösung erreichen: Wir schreiben den Additionsbefehl

AX / 0 : 2000 | X0 := X0 + a[0]

und erhöhen dessen Adreßteil in der Schleife jeweils um 1, so daß dynamisch bei den einzelnen Schleifendurchläufen nacheinander

AX / 0 : 2000, *AX / 0 : 2001*, usw.

vorgefunden wird.

4000	*BXL /2 : 1*	X2 := 1;
4001	*BX /1 : 2501*	
4002	*AXL /1 : 1*	Zähler: ⟨3⟩ := m + 1;
4003	*BS /3 : 1*	
4004	*BXL /0 : 0*	X0 := 0;
4005	*AX /0 : 2000*	X0 := X0 + ⟨2000⟩; bzw. X0 := X0 + a[];
		Erhöhe Adreßteil des Additionsbefehls
	AS /4005 : 2	⟨4005⟩ := ⟨4005⟩ + X2;
	OZ /4005 : 3	Zählsprung;
	BS /2500 : 0	b := X0;

Wir haben also einen Befehl des Programms durch das Programm selbst geändert. Statt den Adreßteil durch Addition zu erhöhen, hätten wir den Adreßteil geeignet ersetzen (substituieren) können, zu welchem Zwecke manche RA einen *Substitutionsbefehl* kennen. Dazu führt man eine Variable ein, deren Wert die jeweils anzusprechende Adresse ist, und man substituiert (ersetzt) den Adreßteil des zu ändernden Befehls durch diese Adressenzahl.

Eine Variable, deren Wert eine Adressenzahl ist, nennen wir **Zeiger**, weil uns ihr Wert in anschaulicher Weise die Adresse *zeigt*, an der wir bei der Bearbeitung einer Folge von Operanden stehen.

Diese Lösung ist noch unbefriedigend. Wenn wir den gleichen Programmteil ein zweites Mal ausführen wollen, dann lautet der Befehl in 4005 z. B. *AX / 0 : 2045* und dieser Befehl wird geändert in *AX / 0 : 2046* usw. Es ist also noch der später zu ändernde Befehl vor Eintritt in die Schleife auf eine Anfangsstellung zu bringen. Wir gehen nicht weiter darauf ein, da uns noch eine weitere Überlegung die Adressensubstitution als nicht zweckmäßig erscheinen läßt.

Moderne und schnelle RA können mehrere Aufgaben (Prozesse) scheinbar gleichzeitig bearbeiten, indem sie kurzzeitig einen Prozeß bearbeiten, dessen Bearbeitung unterbrechen, und kurzzeitig einen anderen Prozeß weiterführen usw. (im Zeitmultiplex). Stellen wir uns einmal vor, daß zur Bearbeitung zweier Prozesse A und B **dasselbe Programm zu verwenden sei**, welches in nur **einem** Exemplar gespeichert sei. Wir verlangen, daß A unterbrochen werden kann, um B zu bearbeiten. (Zum Beispiel: Prozeß A sei die Übersetzung eines Quellenprogramms QA, Prozeß B die Übersetzung eines Quellenprogramms QB durch einen Algol-Übersetzer. Der Rechner bearbeitet A, unterbricht die Arbeit, um B vollständig zu bearbeiten; anschließend wird A fortgesetzt.)

Diese Forderung bedeutet insbesondere, daß alle veränderlichen Speicherzellen sowohl für A wie für B völlig getrennt zu verwalten sind. Wir wollen jetzt nicht weiter darauf eingehen. Wir halten aber fest, daß die gestellte Forderung nicht mit einem Programm der Art des letzten Beispiels erfüllt werden kann, weil das Programm sich selbst ändert. Unsere Forderung lautet präziser: Das Programm muß eine **reine Rechenvorschrift** sein und darf als solche keine veränderlichen Teile enthalten; alle veränderlichen Teile sollten so organisiert sein, daß dasselbe Programm zur Bearbeitung eines weiteren Prozesses benutzt werden kann, während die Bearbeitung anderer Prozesse durch das Programm noch nicht abgeschlossen ist. Man sagt dann, das Programm sei **wiedereintrittsfähig**.

2.5.2. Indirekte Adressierung

Bei der indirekten Adressierung wird im Adreßteil des Befehls nicht die Adresse des Operanden mitgegeben, sondern der Adreßteil nennt eine Zelle, welche die Adresse des Operanden enthält. (Der Adreßteil nennt also die Adresse eines Zeigers.) Bei Ausführung des Befehls wird der Zeiger ausgelesen und gemäß der gefundenen Adresse der Operand angesprochen.

URA kennt die indirekte Adressierung nicht. Das folgende Beispiel gibt jedoch das wesentliche wieder.

Beispiel: y := u[0] + u[1] + . . . + u[m];

		Speicherbelegung
BX /1 : 2504		u[0] in 2000, 2001
AXL /1 : 1		u[1] in 2002, 2003
BS /3 : 1	Zähler ⟨3⟩ := m + 1;	.
BRGP / 2502	R := 0.0;	y in 2500, 2501
		0.0 in 2502, 2503
BXL /2 : 2000	*BXL / 2 : 2000*	m in 2504

BS /2505 : 2	⟨2505⟩ := 2000; Zeiger in 2505
→ *xxxx /2505*	Addiere zu R die Zahl, deren Adresse der Wert von ⟨2505⟩ ist.
BXL /2 : 2	
AS /2505 : 2	Zeiger ⟨2505⟩ := ⟨2505⟩ + 2;
OZ /. . . . : 3	Zählsprung
BSGP /2500	y := R; (Summe)

Beispiel:

Das letzte Beispiel wollen wir etwas realistischer gestalten. Man hält zur Summierung ein Unterprogramm bereit. Die Parameter, nämlich die Adresse des ersten Elements und die Anzahl der Summanden werden in Registern an das Unterprogramm mitgegeben, die Summe wird in R abgeliefert.
Es enthält bei Aufruf X0 die Anzahl der Summanden,
X1 die Adresse des ersten Summanden.

Aufruf: *OUP /. . . . : 11*

4000	*BS /3 : 0*	Zähler ⟨3⟩ := X0;
4001	*BS /4012 : 1*	Zeiger ⟨4012⟩ := X1;
4002,3	*BRGP /4010*	R := 0.0;
4004,5	*xxxx /4012*	Addiere zu R gemäß Zeiger
4006	*BXL /2 : 2*	X2 := 2;
4007	*AS /4012 : 2*	Zeiger ⟨4012⟩ = ⟨4012⟩ + X2;
4008	*OZ /4004 : 3*	Zählsprung
4009	*O /11*	Rücksprung, Summe in R
4010,11	*+0.0*	Konstante 0.0
4012	*(Zeiger)*	Variable „*Zeiger*"

Wenn wir letzteres Beispiel unter dem Gesichtspunkt der Wiedereintrittsfähigkeit betrachten, dann hätten wir „nur noch" die Variable *Zeiger* streng von der Rechenvorschrift zu trennen in dem Sinne, daß die Rechenvorschrift mit irgendeiner Zelle (statt mit ⟨4012⟩) als *Zeiger* arbeiten kann. Wir wollen diesen Gesichtspunkt im Folgenden zunächst nicht weiter verfolgen. Er ist für einfache Anwendungen nicht wichtig.

2.5.3. Adressenmodifikation mit Indexregistern

Die wichtigste Art der Adressenänderung ist die Adressenmodifikation mit Indexregistern:
Der RA besitzt gewisse Register, **Indexregister** genannt; gewisse Befehle können einen Zusatz erhalten, der bewirkt, daß bei der Ausführung des Befehls der Inhalt eines Indexregisters zum Adreßteil addiert wird, und die so erhaltene *modifizierte* Adresse ist die Adresse des von dem Befehl angesprochenen Operanden.

URA kennt nur ein einziges echtes Indexregister, nämlich den Akkumulator X2. Da er vorwiegend zum Indizieren verwendet wird, hat er nur die zur Darstellung von Adressenzahlen nötige Wortlänge (15 bit + 1 bit für das Vorzeichen).

Durch den Zusatz *M* wird angegeben, daß ein Befehl die durch X2 modifizierte Adresse ansprechen soll. Den Zusatz *M* können die Befehle

BX, AX, SX, NX, MX, DX und *BS, AS, SS, NS* und *O* und *IU*

tragen (vgl. Befehlstabelle, Anhang B).

Beispiele:

Ist bei Ausführung des Befehls *BX/0:2000 M* der Wert von X2 = *3*, dann ist seine Wirkung
X0 := ⟨2003⟩, nämlich X0 := ⟨2000 + X2⟩.

Mit X2 = *- 1* ist die Wirkung von *BS/3000:1 M*
⟨2999⟩ := X1, nämlich ⟨3000 + X2⟩ := X1.

Mit X2 = *4000* und ⟨4000⟩ = *7777*
ist die Wirkung von *BX/2:0 M*
X2 := 7777, nämlich X2 := ⟨0 + X2⟩

Mit Hilfe eines modifizierten Sprungs *O/6500 M* realisieren wir einen Verteilersprung an die Adressen 8100 bzw. 8200 bzw. 8500 bzw. 9000 falls X2 = 0 bzw. 1 bzw. 2 bzw. 3. Ab Zelle 6500 steht eine Liste von Sprungzielen:

6500	enthält	*8100*
6501		*8200*
6502		*8500*
6503		*9000*

O/6500 M besagt: *Springe an das Sprungziel, welches der Wert von* ⟨6500 + X2⟩ *angibt,*
(Genauer: . . ., welches im Adreßteil von ⟨6500 + X2⟩ *angegeben ist).*

Beispiel:

Wir behandeln noch einmal die *Summationsaufgabe* und schreiben ein Unterprogramm, welches in X0 die Summe a[0] + . . . + a[n] abliefert. Bei Aufruf des Unterprogramms muß sein: X2 die Adresse des ersten Summanden a[0],
X0 die Anzahl der Summanden
Aufruf: *OUP / . . . : 11*

```
   BS  /3 : 0       | Zähler ⟨3⟩ := X0;
   BXL /0 : 0       | X0 := 0;
┌► AX  /0 : 0 M     | X0 := X0 + ⟨0 + X2⟩;
│  AXL /2 : 1       | X2 := X2 + 1; (Adresse des nächsten Summanden)
└─ OZ  /. . . : 3   | Zählsprung
   O   /11          | Rücksprung
```

Dieses Programm ist nun eine reine Rechenvorschrift. Es verändert nur Register, wobei wir den Zähler 3 als ein Register betrachten.

Das Indizieren bei Befehlen für Gleitpunktrechnen ist handwerklich bei URA etwas schwierig, da nicht X2 als Indexregister dient, sondern das Pseudoregister MG (das ist die Speicherzelle 40). Für das Rechnen in MG stehen uns die normalen Befehle zur Verfügung,

(z. B. *BXL/2:2, AS/40:2* | ⟨40⟩ := ⟨40⟩ + 2 *oder* MG := MG + 2),

aber auch die speziellen Befehle

BMGL /n	MG := L(⟨*n*⟩)	Bringe nach **MG**
AMGL /n	MG := MG + L(⟨*n*⟩)	Addiere zu **MG**
SMGL /n	MG := MG − L(⟨*n*⟩)	Subtrahiere von **MG**

Für die Adressenmodifikation erhalten die Gleitpunktbefehle den Zusatz *G*. Er kann angebracht werden bei *BRGP, ARGP, SRGP, DRGP, MRGP* und *BSGP* (vgl. Anhang B).

Beispiel: *Unterprogramm zur Berechnung der Summe (reeller Werte)* u[0] + u[1] + . . . + u[n], *der Wert ist in R abzuliefern.*

Bei Aufruf muß sein
X2 = Adresse von u[0],
X1 = Anzahl (= n + 1)

Aufruf: *OUP / . . . : 11*

4000	*BS /40 : 2*	MG := „*Adresse von* u[0]";
4001	*BS /3 : 1*	Zähler ⟨3⟩ := X1;
4002,3	*BRGP /4010*	R := 0.0;
4004,5	*ARGP /0 G*	R := R + ⟨0 + MG⟩;
4006,7	*AMGL /2*	MG := MG + 2;
4008	*OZ /4004 : 3*	Zählsprung
4009	*O /11*	Rücksprung
4010,11	*enthält +0.0*	Konstante 0.0

Anmerkung: Der Befehl *AMGL/2* in 4006,7 könnte auch durch die Befehle *BXL/2:2, AS/40:2* ersetzt werden. Keinesfalls aber könnten X0 oder X1 verwendet werden, da das Register R geändert werden würde.

2.6. Befehle zur Eingabe und Ausgabe

Ein Programm, in welchem Ein- und/oder Ausgaben gemacht werden, muß als dynamisch ersten Befehl

STA

ausführen, als dynamisch letzten Befehl

STP

Die Notwendigkeit für diesen sogenannten **Standardeingang** und **Standardausgang** werden wir erst in Kapitel 5 verstehen lernen.

Für die Eingabe werden Zahlen wie in Algol auf dem Eingabemedium dargestellt. Jede Zahl ist mit einem Trennzeichen abzuschließen (bei URA das Komma oder der Übergang auf die nächste Zeile). Zu den Zahlen gehören ferner die Oktalzahlen, die durch das Zeichen = eingeleitet werden. Nicht signifikante Nullen von Oktalzahlen können entfallen; maximal 9 Oktalstellen sind zulässig.

z. B. *=000000770* | *=770*

Intern wird eine Oktalzahl dual repräsentiert,

z. B. | 000000000000000000111111000 |

Befehle zur Eingabe (Lesebefehle)

LGR	Lesen einer **G**leitpunktzahl nach **R**
LFX	Lesen einer **F**estpunktzahl nach **X0**
LOX	Lesen einer **O**ktalzahl nach **X0**

Beispiel: *Einlesen der Werte eines Feldes* **array** u[0 : m], *welches auf den Adressen 2000, 2002, . . . stehen soll.*

< m u_0 u_1 . . . . u_m < Eingabedaten

```
      LFX            | X0 := „obere Grenze m";
      AXL   /0 : 1   | Zähler: ⟨4⟩ := m + 1;
      BS    /4 : 0   |
      BMGL  /2000    | MG := 2000; (Adresse von u[0])
  ┌─► LGR            | R := „Gleitpunktzahl";
  │   BSGP  /0 G     | Abspeichern an die in MG angez. Adresse
  │   AMGL  /2       | MG := MG + 2;
  └── OZ    /. . . : 4 | Zählsprung
```

Für die **Ausgabe** (Print) haben wir die Befehle

PX	Drucke **X0** als ganze Zahl
PR	Drucke **R** als Gleitpunktzahl (Mantisse u. Exponent)
PZ	Drucke Übergang auf den Beginn einer neuen Zeile

Um das Format der ausgegebenen Zahlen brauchen wir uns im Rahmen dieser Darstellung nicht zu kümmern.

Beispiel: *Ein Feld* **integer array** a[1 : m, 1 : n] *ist auszugeben, und zwar in Blöcken zu je* $z \times m$ *Elementen (vgl. Zahlenbeispiel) derart, daß man durch Aneinandersetzen der Blöcke ein Bild des Feldes erhält.*

Die Elemente des Feldes sind spaltenweise fortlaufend gespeichert. Wir kümmern uns nicht sehr um die Speicherbelegung, sondern deuten die Adressen nur symbolisch an. Es gelte $m, n, z > 0$.

Der folgende Programmabschnitt löst die gestellte Aufgabe.

```
    ja := 0;
w: newline(2);
    if n - ja < z then z := n - ja;
    for i := 1 step 1 until m do
        begin newline(1); j := ja;
            for k := 1 step 1 until z do
            begin j := j + 1;
                    print (a[i,j], . . ., . . .)
            end
        end;
    ja := ja + z;
    if ja < n then goto w;
```

Zahlenbeispiel: Die zeilenweise mit den Werten *1, 2, 3, . . ., 21* belegte Matrix a[1 : 3, 1 : 7] wird blockweise ausgegeben mit $z = 3$ wie folgt:

```
 1   2   3
 8   9  10
15  16  17

 4   5   6
11  12  13
18  19  20

 7
14
21
```

Im Speicher stehen die Werte spaltenweise, also z. B. *1, 8, 15, 2, 9, 16, . . .*

Programm:

```
BXL  /2 : (A)       | X2 := „Adresse von a[1,1]"
BS   /(ERST) : 2    | Adresse des ersten Elementes eines Blocks
BX   /1 : (N)       |
BS   /(N1) : 1      | n1 := n;
```

(AB)	BX /1 : (N1)	n1 > 0
	KXP /1	
	OLF /(ENDE)	Falls nein: → fertig
	BX /0 : (Z)	X0 := z - n1;
	SX /0 : (N1)	
	KXP /0	
	OLT /(JA)	Falls X0 > 0, →
	BX /0 : (Z)	
	SS /(N1) : 0	n1 := n1 - z;
	OL /(LAUF)	→
(JA)	BX /0 : (N1)	
	BS /(Z) : 0	z := n1;
	OL /(JA) - 3	→
(LAUF)	BX /0 : (M)	
	BS /4 : 0	Zähler ⟨4⟩ := m;
	PZ	Drucke: Übergang auf neue Zeile
(I)	BX /0 : (Z)	
	BS /3 : 0	Zähler ⟨3⟩ := z;
	PZ	Drucke: Übergang auf neue Zeile
(J)	BX /0 : 0 M	
	PX	Zeilenelement drucken
	AX /2 : (M)	Bestimme Adresse des nächsten Zeilen- elementes
	OZ /(J) : 3	Zählsprung
	OZ /(I1) : 4	Sprung, falls noch eine Zeile im Block
	SX /2 : (M)	
	AXL /2 : 1	Bestimme Adresse des ersten Elementes im nächsten Block
	BS /(ERST) : 2	
	OL /(AB)	→
(I1)	BX /2 : (ERST)	
	AXL /2 : 1	Bestimme Adresse des ersten Elementes der nächsten Zeile im Block
	BS /(ERST) : 2	
	OL /(I)	→
(ENDE)	STP	
		Speicherplätze für Variable
(M)	= 0	
(N)	= 0	
(Z)	= 0	
(N1)	= 0	
(ERST)	= 0	Adresse des ersten Elementes einer Zeile
(A)		Element a[1,1], usw.

Programmablaufplan

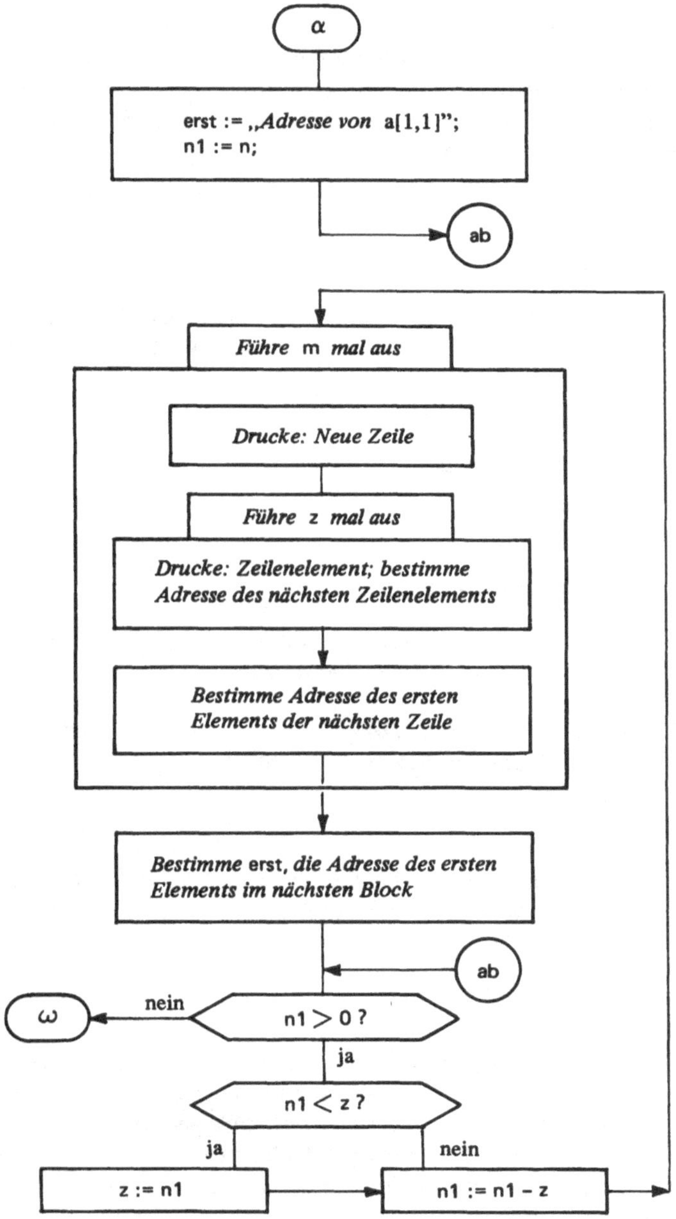

Der skizzierte Programmablaufplan entspricht dem Maschinencodeprogramm. Ein Bezug zu dem Algolprogramm ist schwer erkennbar, da wir nicht wie in Algol mit Indices i, j arbeiten, sondern aufgrund der Speicherung des Feldes a die Adresse des jeweils nächsten auszugebenden Elementes bestimmen. Das Algolprogramm wurde also nicht schlechthin in den Maschinencode *übersetzt* – die Eigenschaften des Befehlscodes und die Kenntnis der Speicherbelegung haben eine andere Programmstruktur nahegelegt. Dennoch ist ein Algolprogramm zur Überlegung des Programmablaufes günstig.

2.7. Aufgaben

Es seien a, b, c, d, e, f, g, h *Variable vom Typ* **integer** *bzw.* **boolean** *auf den Plätzen* 2000, 2001, 2002, . . . *und* u, v, w, x, y, z *Variable vom Typ* **real** *auf den Plätzen* 4000, 4002, 4004, . . .
Ferner sei ⟨4020⟩ = *1.0,* ⟨4022⟩ = *6.28 (2 π).*

1. *Man gebe Befehlslisten an für*
   a) e := abs(b) + abs(c)
   b) z := (u ↑ 2 – 1)/(u ↑ 2 + 1)
   c) h := a ÷ b + 1
   d) z := a/b + 1 *(Man achte auf die Typen!)*

2. *Der Wert von x, ein Winkel im Bogenmaß, ist durch fortgesetzte Addition von* $\pm 2\pi$ *in den Bereich* $0 \leqslant x < 2\pi$ *zu bringen.*

3. *Die Wahrheitswerte* **true** *bzw.* **false** *seien in einem Speicherwort durch die ganzen Zahlen +1 bzw. +0 dargestellt. Man ermittle*
   a) g := (a ∧ b) ∨ c
   b) g := (a ∨ b) ∧ c

4. *Angenommen, ein Intersektionsbefehl IU bzw. IUL stehe nicht zur Verfügung. Man schreibe einen Programmabschnitt mit der gleichen Wirkung wie*
   a) *IUL/0:1*
   b) *IUL/0:1024*
   c) *IU /0:2000*

5. *Von Platz* 7000 *an seien fortlaufend n verschiedene ganze Zahlen gespeichert. Man schreibe einen Programmabschnitt, womit in dieser Liste ein gegebener Wert gesucht wird. Der gegebene Wert stehe eingangs in X0, der Wert von n in X1. Zu Ende des Programmabschnitts soll X2 die Adresse des gefundenen Elements enthalten, falls es ein Element des gesuchten Wertes gibt, andernfalls den Wert 0.*

6. *Man schreibe einen Programmabschnitt zur Multiplikation*
   $\langle 2000 \rangle := \mathrm{X0} \times \mathrm{X1}$ *ohne Multiplikationsbefehl.*
   X0 und X1 enthalten positive Werte. Falls das Ergebnis die Kapazität eines Wortes überschreitet, soll ein Sprung an die Adresse 8000 *gemacht werden. Anleitung: Fortgesetzte Addition, wobei ein Multiplikand stellenweise versetzt wird, analog der schriftlichen Multiplikation von Dezimalzahlen.*

   $\langle 2040 \rangle =$ | 0111 . . . . 1 | .

3. Ein Assembler

Wir haben in Kapitel 2 Befehle kennengelernt und mit diesen Befehlen programmiert, ohne ihre binäre Darstellung im Speicher zu kennen, und ohne uns genauer vorzustellen, wie sie in den Speicher gelangen. Die binäre Darstellung der Befehle ist für den Programmierer weniger interessant. Es genügt, die externe Schreibform der Befehle zu kennen; Befehle sind durch ihre Wirkungen identifiziert. Wichtig dagegen ist es, die wesentlichen Funktionen eines Programms zu kennen, welches die externe Schreibform aufnimmt und in entsprechender binärer Darstellung im Speicher absetzt. Dieses Programm ist das Assemblerprogramm.

Zu einem **Assembler** gehören zwei Dinge: Die Assemblersprache (eine einfache Programmiersprache) und ein Assemblerprogramm, welches in der Assemblersprache geschriebene Programme liest und als Objektprogramme in den Speicher setzt. Wir versuchen nun, das Sprachniveau eines Assemblers zu umreißen.

Wir können eine Befehlsliste einer mit der Technik der Anlage vertrauten Person geben und sie bitten, diese Befehlsliste in den Kernspeicher zu schreiben. Wir erläutern dem Techniker die von uns gewählte Schreibform; er setzt sie um in die entsprechenden Binärinformationen und bringt diese mit Hilfe einiger Bedienungsschalter in den Kernspeicher. Was der Techniker tut, kann man auch durch ein sehr einfaches Programm, ein **Leseprogramm**, erreichen, welches die extern geschriebenen Befehle liest, in die binäre Darstellung umschlüsselt und sie im Kernspeicher auf den gewünschten Adressen absetzt. Dazu wird im wesentlichen nur eine Umschlüsselungstabelle zwischen externer Schreibform und interner Darstellung gebraucht. Diese Umschlüsselung könnte der Programmierer am Schreibtisch übernehmen und die Befehle als Dualzahlen oder Oktalzahlen aufschreiben, damit das Leseprogramm noch einfacher wird. Logisch bleibt die Aufgabe die gleiche – nämlich befehlsweise Umschlüsselung per Tabelle und Absetzen im Kernspeicher. Diese Aufgabe kann prinzipiell einfach umgekehrt werden, d. h. man kann aus einer im Kernspeicher stehenden Befehlsliste leicht die externe Schreibform wieder gewinnen.

Wie kommt ein Leseprogramm in den Kernspeicher? Zunächst wird man einige Befehle mit Hilfe des Technikers in den Kernspeicher bringen und zwar ein kurzes Programm, das binäre Informationen lesen kann. Danach kann man ein Programmstück als binäre Informationen einlesen lassen, und zwar geschickterweise ein Programmstück, mit dessen Hilfe wir eine für uns noch bequemere externe Darstellung lesen lassen können usw. Dieses Vorgehen nennt man **bootstrapping.**

Ein **Compiler** übersetzt Programme aus einem Sprachniveau, auf welchem die Befehls- bzw. Wortstruktur der Rechenanlage nicht mehr erkennbar ist. Während ein Leseprogramm Befehl für Befehl ohne Kenntnis der folgenden oder vorhergehenden Informationen übersetzt, ist für einen Compiler aufgrund der komplizierteren Grammatik der problemorientierten Programmiersprache ein größerer Zusammenhang (engl. *context*) – im Extremfall das gesamte Programm – nötig. Die Übersetzung geschieht daher gewöhnlich über einige Zwischenstufen, während derer Informationen über das gesamte Programm vorhanden sein müssen. Aus dem Objektprogramm allein kann man das Quellenprogramm nicht wieder gewinnen.

Ein **Assembler** steht einem Leseprogramm näher als einem Compiler. Die Assemblersprache ist auf der internen Befehls- und Wortstruktur des RA aufgebaut. Ein *context* ist nicht zu berücksichtigen; das Assemblieren geschieht im wesentlichen Befehl für Befehl – ohne eine Zwischenstufe der Übersetzung. Ein Objektprogramm kann in eine externe Schreibform zurückübersetzt werden, welche der originalen sehr ähnlich ist. Während das Leseprogramm z. B. nur Adressenzahlen (absolute Adressen) in den Befehlen akzeptieren kann, nimmt ein Assembler auch andere Adressenformen an. Der Assembler schafft durch Einsetzungen und Umsetzungen Bequemlichkeiten für den Programmierer, die wir in diesem Kapitel kennenlernen müssen.

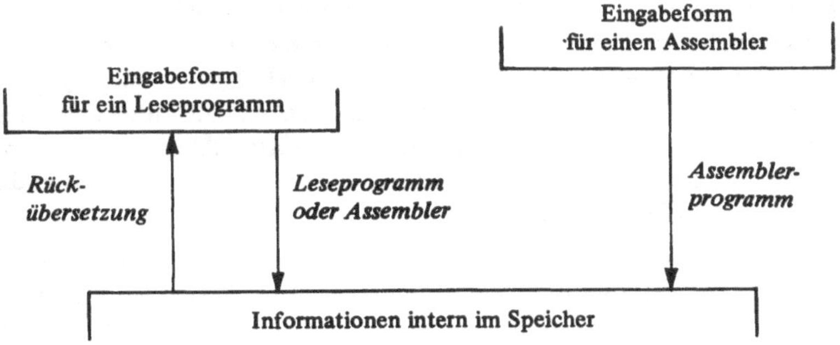

Ein Leseprogramm könnte z. B. nicht das in 2.6. aufgeschriebene Programm zur Ausgabe eines Feldes akzeptieren, da dort nicht absolute Adressen eingesetzt sind. Bitten wir z. B. den Techniker, den Befehl *SIN* in den Speicher zu setzen, dann wird er uns vielleicht antworten, daß der RA einen Befehl zur Berechnung eines Sinuswertes nicht kenne. Aufgabe des Assemblers ist es, den externen Befehl *SIN* umzusetzen in den Aufruf eines Unterprogramms zur Berechnung des Sinus und dafür zu sorgen, daß dieses Unterprogramm zur Verfügung steht.

Der Leser fragt jetzt, ob man zum Programmieren in der Assemblersprache das Assemblerprogramm kennenlernen müsse. Man muß nicht – ebensowenig wie man einen Algolübersetzer kennenlernen muß, um in Algol zu programmieren. Aber zum einen liefert uns das Assemblerprogramm Beispiele, zum anderen hat der Verfasser bei Anfängern Verständnisschwierigkeiten beobachtet, die er am besten durch einen Einblick in das Assemblieren meint ausräumen zu können.

3.1. Definition einer Eingabeform

Die Syntax der Assemblersprache könnte wie die von Algol durch Produktionen festgelegt werden. Der Assembler verarbeitet eine Portion von Informationslisten.

⟨informationsliste⟩ ::= *⟨liste von befehlen⟩* | *⟨liste von festpunktzahlen⟩* | *⟨liste von gleitpunktzahlen⟩*
⟨portion⟩ ::= *⟨informationsliste⟩* [*SH*] | *⟨informationsliste⟩* *⟨portion⟩*
⟨liste von befehlen⟩ ::= [*IB*] | *⟨liste von befehlen⟩* *⟨befehl⟩* *⟨trennzeichen⟩* | *⟨liste von befehlen⟩* *⟨oktalzahl⟩* *⟨trennzeichen⟩*

. . . . . .

Es ist recht langweilig, die Produktionen zu verfolgen. Einfacher beschreibt man dem Benutzer die Assemblersprache in Worten. Je klarer der Konstrukteur die Assemblersprache angelegt hat, desto besser für den Benutzer.

Wir halten zunächst fest:
Befehle im Sinne der Assemblersprache sind gerade die, welche wir in Kapitel 2 kennengelernt haben. Der Assembler liest auch eine Liste von Festpunktzahlen oder Gleitpunktzahlen (in Algol ist dies nicht möglich!). Allgemeiner gesagt: Der Assembler verarbeitet Listen von **Informationseinheiten.** Informationseinheiten sind Befehle, Festpunktzahlen, Gleitpunktzahlen, Oktalzahlen. Jede Informationseinheit ist durch ein Trennzeichen abzuschließen. **Trennzeichen** sind das Komma oder der Übergang auf den Beginn der nächsten Zeile.

Nicht jedem Assembler an irgendeinem RA liegen einfache Produktionen zugrunde. Dem Benutzer bietet sich in einem Programmierhandbuch manchmal das schillernde Bild einer finessenreichen Programmiersprache. In solchen Assemblersprachen macht man leicht formale Fehler und wird zu trickreichem Programmieren verleitet.

3.2. Direktiven

Wenn sich das Assemblerprogramm im Kernspeicher befindet und die zu lesenden Informationen (z. B. Lochstreifen) am Eingabegerät bereitstehen, dann startet man das Assemblieren. Es wird vom Eingabemedium eine Informationseinheit nach der anderen gelesen, auf formale Richtigkeit geprüft und binär dargestellt im Kernspeicher abgelegt. Die Verarbeitung lenkt man durch sogenannte **Direktiven**; das sind „Nachrichten" an das Assemblerprogramm. Direktiven werden nicht im Speicher abgelegt, sondern sie lenken nur das Assemblieren. Sie sind bei URA dadurch leicht erkennbar, daß sie in eckige Klammern eingeschlossen sind.

Wir brauchen Direktiven, welche die Speicherung steuern. Der Assembler setzt die Informationseinheiten nacheinander im Kernspeicher ab; ein **Transportzeiger** (eine Variable im Assemblerprogramm) gibt an, wo die Informationen abzusetzen sind. Durch Direktiven wird der Transportzeiger gesetzt oder fortgeschaltet.

[*ST n*]	Setze den Transportzeiger auf Adresse *n*
[*SA k*]	Addiere die Zahl *k* zum Transportzeiger

Das Assemblerprogramm stoppt, wenn die Direktive

[*SH*]

gelesen wird.

Ebenfalls durch Direktiven teilt man dem Assemblerprogramm mit, welche Art von Informationseinheiten zu lesen ist. (Oktalzahlen können ohne weiteres zwischen Befehlen, Gleitpunktzahlen oder Festpunktzahlen auftreten.)

[*IB*]	Im folgenden sind Befehle zu lesen
[*IF*]	Im folgenden sind Festpunktzahlen zu lesen
[*IG*]	Im folgenden sind Gleitpunktzahlen zu lesen

Weitere Direktiven werden wir später kennenlernen.

Beispiel: (vgl. letztes Beispiel in 2.5.3.)

[ST 4000], [IB]
BS/40:2, BS/3:1, BRGP/4010, ARGP/0 G
AMGL/2, OZ/4004:3, O/11
[IG]
+ 0.0
. . . . . .
So muß die Befehlsliste mit Direktiven zum Einlesen durch den Assembler versehen werden.

3.3. Grobe Struktur des Assemblers

Anhand einer Abbildung verschaffen wir uns einen Überblick über das Assemblerprogramm. Der Assembler liest Symbol für Symbol vom Eingabemedium (Symbole sind intern als ganze Zahlen dargestellt). Ein Unterprogramm, das wir bnss (bringe nächstes signifikantes Symbol) genannt haben, liefert beim Aufruf das nächste signifikante und noch nicht verarbeitete Symbol (als ganze Zahl). Die Schnittstelle (engl. *interface*) zwischen der eigentlichen Verarbeitung und der Eingabe für den Assembler ist festgelegt durch die Parameterübergabe von bnss. Der Assembler erwartet Symbole in der festgelegten internen Codierung; durch entsprechende Gestaltung eines bnss können Symbole von jedem Eingabemedium akzeptiert werden. Das Zwischenraumsymbol wird als nicht signifikant von bnss unterdrückt.

Grobstruktur eines Assemblers

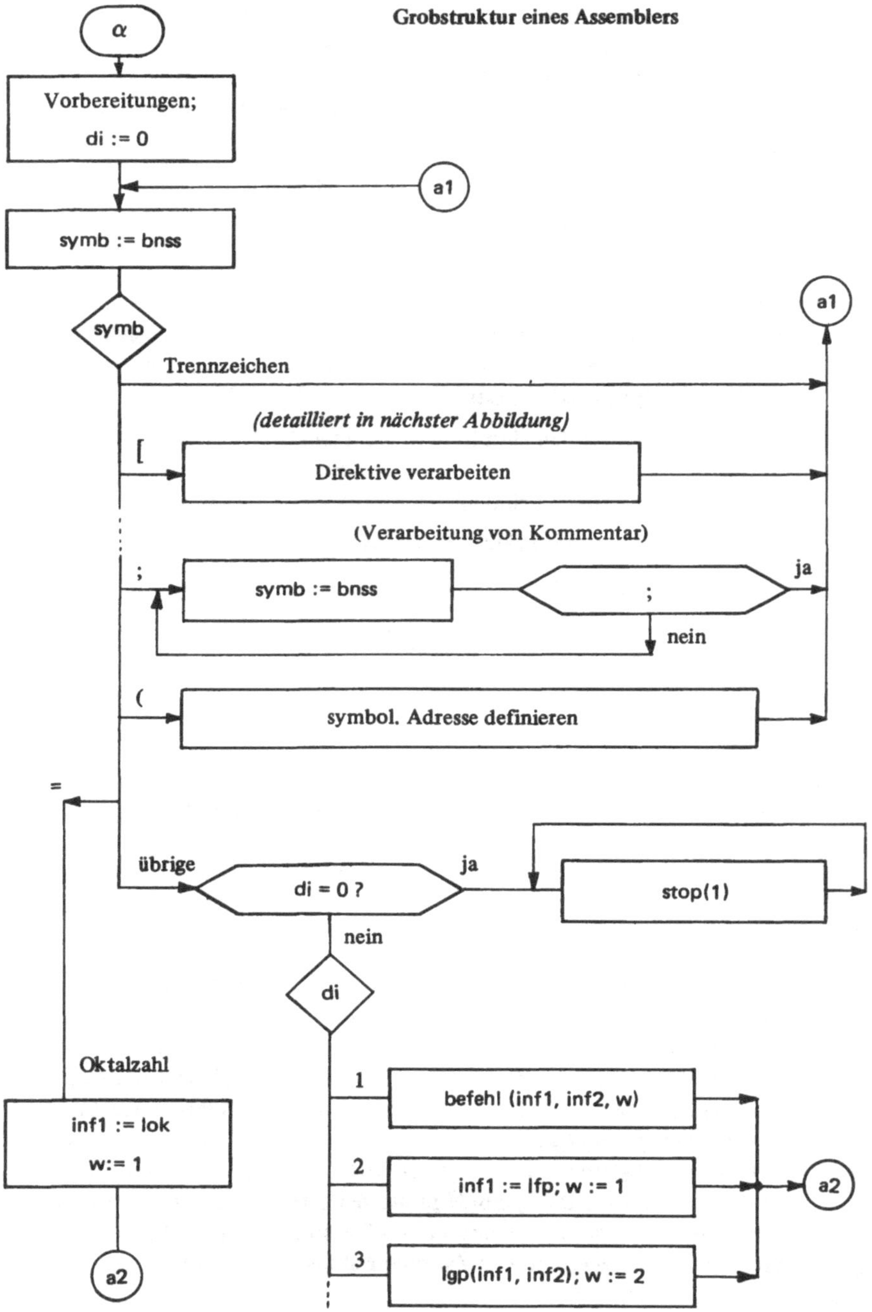

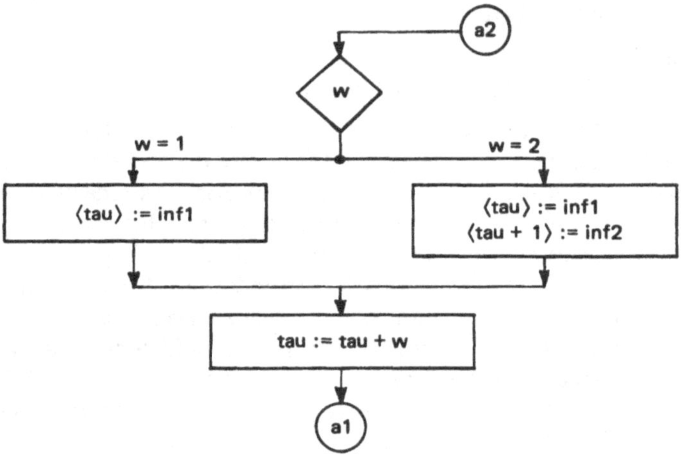
a2
w
w = 1
w = 2
⟨tau⟩ := inf1
⟨tau⟩ := inf1
⟨tau + 1⟩ := inf2
tau := tau + w
a1

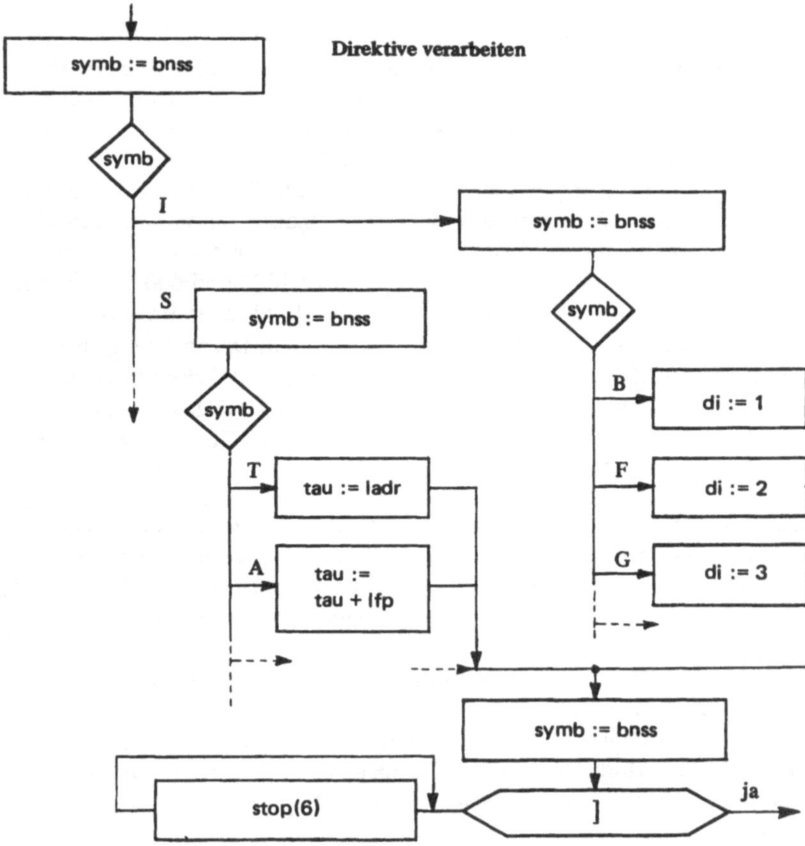
Direktive verarbeiten
symb := bnss
symb
I
S
symb := bnss
symb := bnss
symb
symb
T
A
tau := ladr
tau :=
tau + lfp
B
F
G
di := 1
di := 2
di := 3
symb := bnss
stop(6)
]
ja

Verfolgen wir die Verarbeitung von

[ST 4000]
[IB], BRGP/4009, [IG], + 0.0, SA[10], ...

beginnend beim Startpunkt α. Zunächst erhalten einige Variable Anfangswerte, z. B. di := 0. An der mit a1 markierten Stelle wird die nächste Informationseinheit oder Direktive erwartet. Überflüssige Trennzeichen werden überschlagen. Das erste signifikante Symbol in dem Beispiel ist [und führt zum Lesen von Direktiven. Die nächsten Symbole entscheiden, daß *ST* vorliegt, und es ist durch ein Unterprogramm ladr (Funktionsprozedur) die Adressenzahl *4000* zu lesen und an den Transportzeiger tau zuzuweisen. Dann muß die Direktive ordnungsgemäß mit] abschließen; andernfalls gibt ein Unterprogramm (Anweisungsprozedur) stop die Fehlernummer *6* aus und bringt das Assemblieren zum Anhalten; ein Versuch der Fortsetzung würde die Fehleranzeige erneut hervorrufen. Wir gelangen aber ordnungsgemäß nach a1 und verfolgen leicht die Verarbeitung der nächsten Direktive [*IB*], welche di := 1 setzt. Danach gelangen wir wieder zu a1 und werden wegen di = 1 den Aufruf befehl (inf1, inf2, w) auszuführen haben: In der Variablen inf1 wird ein Befehl in interner Darstellung aufgebaut; falls er zwei Maschinenworte einnimmt, dann wird außerdem inf2 gefüllt; w enthält die Länge der aufgebauten Information (hier w := 2). Danach werden, ab Marke a2, die Werte von inf1 bzw. inf2 gemäß dem Transportzeiger in den Kernspeicher transportiert. (Zur Schreibweise: Der Wert von tau ist eine ganze Zahl, und zwar eine Adressenzahl. Durch Setzen in Spitzmarken ⟨tau⟩ erhält man die Variable, deren Adressenzahl der Wert von tau ist.) Der Befehl *BRGP/4009* wird also an die Plätze 4000 und 4001 geschrieben, tau wird um *2* fortgeschaltet und hat nun den Wert *4003*. Dann wird die Direktive [*IG*] gelesen, deren Wirkung in di := 3 besteht. Die nächste Informationseinheit ist die Gleitpunktzahl *+ 0.0,* die durch die Funktionsprozedur lgp(inf1, inf2) als Zwei-Wort-Zahl aufgebaut und auf die Plätze 4003 und 4004 gebracht wird. Die nächste Direktive [*SA 10*] erhöht den Transportzeiger um *10,* so daß er jetzt den Wert *4015* hat, usw.

Die geschilderte Grundstruktur des Assemblers ist recht einfach, da wir einzelne Programmteile mit bestimmten Aufgaben (z. B. die Prozeduren befehl, lgp usw.) nicht näher betrachtet haben. Für bestimmte Verarbeitungsaufgaben sind bestimmte Programmteile eingesetzt, die wir **Operatoren** nennen können.

Z. B. Es wird eine Direktive gelesen und verarbeitet; die Verarbeitung besteht darin, daß sie den Zustand des Assemblers verändert.
Z. B. Es wird ein Befehl gelesen und in interner Darstellung bereitgestellt.
Z. B. Es wird eine Informationseinheit im Speicher abgesetzt. Verantwortlich dafür ist der hinter der Marke a2 stehende Programmteil, wiederum ein Operator.

Wir sprechen absichtlich so abstrakt, um klarer die eigentlichen Aufgaben der Operatoren zu erkennen, z. B. daß der zuletzt genannte Operator intern dargestellte *Informationseinheiten abzusetzen hat* – nicht notwendig im Kernspeicher, vielleicht auf einer Magnetplatte!

Das Entwickeln von *software* ist nicht unähnlich einer klassischen Ingenieurtätigkeit. Es gibt Funktionseinheiten, ihre Schnittstellen sind festzulegen, sie sollen auswechselbar sein, sie sind zusammenzusetzen usw. (Wir können im Rahmen unserer Darstellung dieses Konzept nicht weiter verfolgen.) Durch eine zunächst grobe Betrachtung der Struktur haben wir das Problem vereinfacht, aber keineswegs in unzulässiger Weise; im Gegenteil: Wir können leichter die „Bausteine" definieren. Wir sehen z. B., daß immer wieder ganze Zahlen zu lesen sind (in Adressen, in Befehlen, als Informationseinheiten), und daß zweckmäßig ein „Baustein" (Funktionsprozedur lfp) zum Lesen von ganzen Zahlen bereitzustellen ist.

Wir könnten die Grundstruktur weiter ausbauen, indem wir weitere Informationseinheiten erklären und Operatoren zu ihrer Verarbeitung bereitstellen. Zum Beispiel kann irgendeine Folge von Symbolen, unter denen Semikolon nicht vorkommt, in Semikolons eingeschlossen und als zu übergehende Informationseinheit (Kommentar) erklärt werden (siehe Abb.). Zum Beispiel können weitere Direktiven zur Bequemlichkeit des Programmierers erklärt werden.

3.4. Relative Adressierung

Das letzte Beispiel in 2.5.3. brachte ein Unterprogramm, das nur auf den Plätzen 4000–4011 stehen kann, was eine untragbare Einschränkung für das Programmieren ist. Das Unterprogramm ist in sich abgeschlossen, und es wäre im Speicher frei lokalisierbar, wenn es Ausdrucksmöglichkeiten gäbe wie

BRGP/„den 10. Platz relativ zu Beginn" statt *BRGP/4010,*
OZ/„an den 4. Platz relativ zu Beginn" : 3 statt *OZ/4004:3*

Hier kann der Assembler helfen. Erst der Assembler setzt einen ausführungsbereiten Befehl in den Kernspeicher, erst durch den Assembler erhält der Adreßteil seine endgültige Form. Setzen wir z. B. einen Buchstaben *A* statt einer absoluten Adresse, dann kann der Assembler den Buchstaben *A* durch eine absolute Adresse ersetzen, wenn wir ihm rechtzeitig vor der Verarbeitung von *A* mitteilen, daß wir durch *A* eine bestimmte absolute Adresse repräsentieren.

Durch Bildungen wie z. B.

A+12 *A–3*

können weitere Plätze relativ zu *A* adressiert werden.

Statt *A+12* kann man kürzer *A12* schreiben.

Z. B. *BRGP/A10* *OZ/A4:3*

Der URA-Assembler gestattet die Buchstaben *A|B|C|D|E* zur Festlegung von Bezugspunkten **relativer Adressierung**. Durch die Direktive

[*DA b n*]

wird der Bezugspunkt *b* (*b* steht für *A|B|C|D|E*) auf die Adresse *n* festgelegt.

z. B. [*DA E 5014*] legt den Bezugspunkt *E* auf 5014 fest.

Überall dort, wo wir von Adressen gesprochen haben, sind auch relative Adressen möglich. Ein Bezugspunkt kann selbst wieder durch eine relative Adresse festgelegt werden.

z. B. [*DA C E-100*] legt *C* auf 4914 fest, wenn *E* 5014 bedeutet.

Das eingangs erwähnte Unterprogramm finden wir in folgender Form in der Programmbibliothek:

```
[IB]
[STA]; SPEICHERE AB RELATIVER ADRESSE A;
BS/40 : 2
BS/3 : 1
BRGP/A10
ARGP/0 G
AMGL/2
OZ/A+4 : 3
O/11
[IG],+0.0
```

Gliedern wir dieses Programmstück in unseren Programmtext ein, dann haben wir vorher, also bevor der Assembler [*STA*] verarbeitet, durch [*DA A . . .*] den Bezugspunkt *A* festzulegen.

Es ist fast überflüssig zu fragen, wie der Assembler die relative Adressierung erledigt. Er hat Variable a, b, c, d, e, an die durch [*DA . . .*] ein Wert (Adressenzahl) zugewiesen wird. Beim Aufbau einer Adresse ersetzt er einen Buchstaben durch den Wert der entsprechenden Variablen.

Unterprogramme aus Programmbibliotheken sind meistens relativ adressiert. Dazu ein

Beispiel:

In einem Hauptprogramm benötigen wir ein Unterprogramm *UP1*, welches seinerseits *UP2* aufruft durch Befehle *OUP/A:11*. Aus der Programmbibliothek entnehmen wir *UP1* und *UP2*:

UP1 :

```
      [ST B]
0     ......
      ......
      ......
      OUP/A:11
      ......
      ......
      OUP/A:11
      ......
298   O/12
```

UP2 :

```
      [ST A]
0     ......
      ......
      ......
      ......
      ......
34    O/11
```

Wir haben ein Hauptprogramm (relativ zu *C* adressiert) geschrieben. Es braucht *122* Speicherplätze (*C0 . . . C121*). Durch Direktiven legen wir zum Schluß die gesamte Speicherbelegung fest und stellen für die Eingabe zusammen:

```
[DA C 4000]
[DA B C122]
[DA A B299]
```

```
[ST C]          Hauptprogramm
......
OUP/B:12        Aufruf von UP1
......
......
```

```
[    ]          UP1 wie oben
```

```
[    ]          UP2 wie oben
```

[*SH*]

Es werden die Plätze 4000 . . . 4455 belegt.

3.5. Symbolische Adressierung

Bei den relativen Adressen ist der Programmierer in der Symbolik eingeschränkt, weil der Assembler intern eine vorbereitete Tabelle der Bezugspunkte hat, in welche durch eine Direktive [*DA . . .*] eine absolute Adresse eingetragen wird.

Wir können den Assembler so anlegen, daß er unsere eigene Adressensymbolik akzeptiert. Wir bilden **Namen** aus bis zu vier Buchstaben und Ziffern – bei längeren Namen sind nur die ersten vier Symbole signifikant. Solche Namen sollen stellvertretend für Adressenzahlen stehen; sie heißen **symbolische Adressen.** Wir machen sie durch Einschließen in runde Klammern leicht erkenntlich.

z. B. *(NAME)* | *(1A)* | *(1B)* | *(SPRUNGZIEL)*

Der Assembler hat nun eine Tabelle, die **Adressenliste**, der von uns verwendeten symbolischen Adressen anzulegen, worin Namen und zugehörige Adressenzahlen verzeichnet sind. Wir definieren die symbolischen Adressen genauso wie die relativen Adressen durch die Direktive [*DA . . .*],

z. B. [*DA (1A) 4500*] | [*DA (1B) A+100*]

Weitere Adressen können wir bilden, indem wir von einer durch Namen festgelegten Adresse ausgehend vorwärts und rückwärts zählen,

z. B. *(1A)+1* | *(1A)1* | *(B)-2*

Wir verwenden symbolische Adressen als Adressen schlechthin. Allerdings haben wir wie bei relativen Adressen zu beachten, daß mit [*DA . . .*] eine neue symbolische Adresse nur durch bereits bekannte Adressen definiert werden kann.

z. B. falsch ist [*DA (F3) (F)+96*]
[*DA (F) 7604*],

weil *(F3)* durch das noch nicht bekannte *(F)* festgelegt wird.

Richtig: [*DA (F) 7604*]
[*DA (F3) (F)+96*]

Von der umständlichen Definition durch eine Direktive können wir uns frei machen. Wir schreiben einen Namen vor eine Informationseinheit und erklären ihn dadurch so, wie eine Marke in Algol durch ihr Auftreten deklariert wird. Was hat der Assembler dabei zu tun? Durch die syntaktische Position eines Namens, nämlich nicht im Adreßteil eines Befehls, sondern vor einer Informationseinheit stehend, wird erkannt, daß der Name zu erklären ist. Er erhält diejenige Adresse zugeordnet, welche die folgende Informationseinheit bekommt – das ist der Wert des Transportzeigers.

z. B.

```
      [ST 4000]
      BXL/1:100
(A)   AX/1:4096
      . . .
      SX/1:(W)
      OLF/(A)1
      . . .
      . . .
(W)
```

Der Name *(A)* symbolisiert die Adresse 4001; dies wird beim ersten Auftreten von *(A)* in die Adressenliste eingetragen. Wenn der Befehl *OLF/(A)1* gelesen wird, dann wird der Name *(A)* gemäß der Eintragung in der Adressenliste durch den Wert *4001* ersetzt, und der Befehl *OLF/4002* im Speicher gebildet.

Was nun, wenn *SX/1:(W)* gelesen wird? Der Name *(W)* steht noch nicht auf der Adressenliste, da er erst später erklärt wird. Auch mit dieser Situation kann der Assembler fertigwerden. Der Befehl *SX/1:(W)* wird zunächst unvollständig abgespeichert, und es muß angemerkt werden, daß er unvollständig ist, nämlich daß der Wert von *(W)* im Adreßteil noch nachzutragen ist. Dies kann z. B. in einer Liste für Vormerkungen geschehen: *„Der Wert für (W) fehlt in Zelle 4003".* Ähnlich würden wir *(W)+2* behandeln. Der Adreßteil wird zunächst *+2;* später wird er um den Wert für *(W)* erhöht. Eine Adresse *(W)–3* müssen wir zunächst unvollständig als *+3* einsetzen und in der Vormerkung angeben, daß der unvollständige Adreßteil *+3* negativ zu nehmen ist. Solche Vormerkungen für *(W)* werden dann erledigt, wenn *(W)* definiert wird. Wenn der Assembler das Einlesen beendet hat, müssen alle symbolischen Adressen erklärt sein, also auch alle Vormerkungen erledigt sein. Der Assembler kann abschließend die Adressenliste ausdrucken, so daß wir eine Übersicht über die Speicherbelegung erhalten und feststellen können, ob wir die Definition einer symbolischen Adresse vergessen haben. Jetzt erst kann das Programm zum Rechenlauf gestartet werden.

Wir gehen in 4.1. noch einmal auf die Führung der Adressenlisten ein. Hier zunächst der Programmablaufplan für die Bearbeitung symbolischer Adressen.

Programmabschnitt: *Ein als Text NAME vorliegender Name soll definiert werden.*

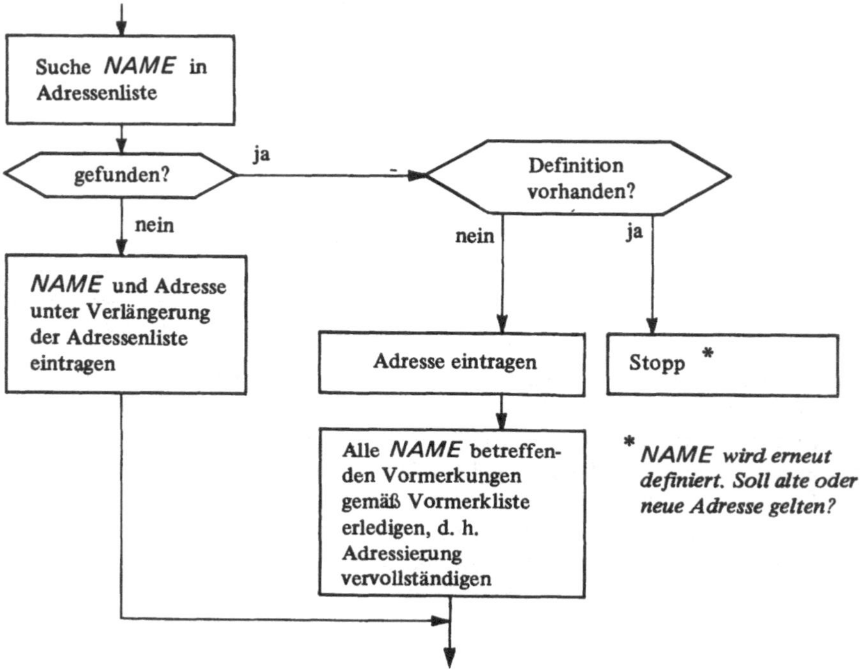

Programmabschnitt: *Die symbolische Adresse (NAME) tritt in einem Adreßteil auf.*

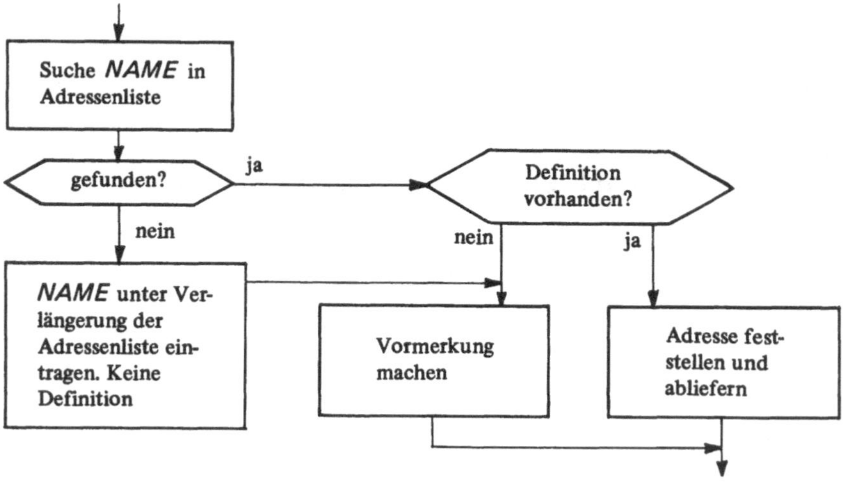

Der Assembler braucht Speicherplätze zur Durchführung der symbolischen Adressierung, nämlich für die Adressenliste und die Vormerkliste. Der Programmierer muß dies u. U. berücksichtigen, wenn er ein umfangreiches Programm einliest. Die Länge der Adressenliste kann leicht angegeben werden: Sie hängt direkt von der Anzahl der Namen ab. Die Länge der Vormerkliste ist die Anzahl der Fälle, in denen Namen gebraucht werden, bevor sie definiert sind. Durch eine Direktive [*DB*] kann man die Listen löschen. Dies muß auch zu Beginn des Assemblierens eines Programms gemacht werden. In einfacher Weise kann man so einen Programmtext in einander ausschließende Blöcke symbolischer Adressierung strukturieren.

Auch eine echte Blockstruktur, ähnlich der in Algol, ist für symbolische Adressen durchführbar. Sie ist besonders nützlich für Bibliotheksprogramme, deren symbolische Adressen nur lokal gültig sind und mit symbolischen Adressen anderer Programmteile nicht kollidieren dürfen. Da unser Assembler nicht so komfortabel ist ziehen wir uns für Bibliotheksprogramme auf die relativen Adressen zurück, wobei allerdings eine größere Anzahl symbolischer Bezugspunkte benötigt wird, als wir beschrieben haben. Aber schließlich wollen wir in diesem Buch nur das Prinzip der angewandten Methoden kennenlernen.

3.6. Makrobefehle

Wir haben gesehen, daß der Assembler Umsetzungen und Einsetzungen vornimmt, um aus der externen Schreibform ein rechenfertiges Programm im Speicher zu erzeugen. Vermittels Listen können Umsetzungen und Einsetzungen noch nachträglich (Vormerkungen bei symbolischen Adressen!) angebracht werden, ohne daß der gesamte Programmtext noch einmal bearbeitet werden müßte. Welche Hilfestellung beim Programmieren können wir bei dieser Arbeitsweise des Assemblers noch erwarten?

Wir können für eine Folge von Befehlen einen Namen einführen, der diese Folge von Befehlen repräsentiert. Den Namen gebrauchen wir wie einen Befehl. Immer wenn der Assembler dann diesen Namen im Programmtext antrifft, ersetzt er ihn durch die genannte Befehlsfolge. Man nennt einen solchen Befehl, der durch eine Direktive erklärt wird, einen **Makrobefehl**. Man kann sogar formelle Parameter für einen Makrobefehl erklären, die dann in einfacher Weise durch aktuelle ersetzt werden.

Beispiel:

```
[DM, ZEIG,
     BXL/2:2
     AS/(VOR):2]
```

sei die Erklärung eines Makrobefehls namens *ZEIG*. Immer wenn man im

Programm *ZEIG* als Befehl schreibt, dann ersetzt der Assembler *ZEIG* durch die beiden Befehle

BXL/2:2

AS/(VOR):2

(Erhöhung eines Zeigers VOR um den Wert *2*).

Gewisse Befehle müssen wir als im System bereits fest (standardisiert) deklarierte Makrobefehle betrachten.

Zum Beispiel wird ein Befehl *BRGP/n* umgesetzt in einen Befehl zur Übergabe des Parameters *n* und in einen Unterprogrammaufruf für die entsprechende Gleitpunktoperation (URA hat in der *hardware* keine Gleitpunktarithmetik). *SIN* stellt ebenfalls keinen in der *hardware* eigentlich vorhandenen Befehl dar, sondern wird vom Assembler umgesetzt in einen Unterprogrammaufruf zur Berechnung des Sinus. Wo steht dieses Unterprogramm? Es kann Bestandteil eines Programmpakets sein, welches sich immer im Kernspeicher befinden muß; es kann aber auch auf einem Sekundärspeicher stehen und der Assembler sorgt dafür, daß es in den Kernspeicher geladen wird, falls es gebraucht wird. Noch allgemeiner: Man kann den Assembler so gestalten, daß er bei Unterprogrammaufrufen z. B. *OUP/(LIN1):13,* nötigenfalls in der Programmbibliothek nach einem Unterprogramm namens *LIN1* sucht und es lädt.

Zusammenstellen – *assembling* – ist die Aufgabe des Assemblers.

3.7. Aufgaben

1. *Man schreibe in relativer Adressierung ein Unterprogramm, welches den Wert eines Polynoms* $s_0 t^n + s_1 t^{n-1} + \ldots + s_n$ *im Register* R *abliefert. Bei Aufruf des Unterprogramms seien die Parameter wie folgt bereitgestellt:*

   Wert n *in Register* X0
   Adresse von s_0 *in Register* X1
   Adresse von t *in Register* X2. (**real** t).

   Die Werte s_i (**real**) *sind lückenlos fortlaufend gespeichert.*

2. *Man schreibe (in symbolischer Adressierung) ein Programm, womit* n *ganze Zahlen eingelesen, geordnet und zu je 4 in einer Zeile wieder ausgegeben werden.*
   (Anleitung: Beispiel 1 in 3.9., Teil I.)

3. *Ganzzahlige Werte* $a_1 > a_2 > \ldots > a_n$ *seien lückenlos fortlaufend gespeichert. Man schreibe (in symbolischer Adressierung) ein Unterprogramm, welches prüft, ob unter den gegebenen Elementen ein Element vom Wert* b *vorkommt. Bei Aufruf enthalte*

   X2 *die Adresse von* a_1
   X0 *den Wert* n $(n \geqslant 1)$.
   X1 *den Wert* b.

Beim Rücksprung soll X2 *die Adresse des gefundenen Elements enthalten, falls es ein solches gibt, andernfalls den Wert 0.*
Anleitung: Man nehme zunächst an, daß $a_1 \geqslant b \geqslant a_n$, *und suche nach einem Element vom Wert b durch eine Intervallschachtelung (fortgesetzte Halbierung). Man versuche dann, ohne die genannte Voraussetzung auszukommen.*

4. *Ein Programm* P *ruft ein Unterprogramm* UP1 *durch OUP/(UP1):12, ein Unterprogramm* UP2 *durch OUP/(UP2):11 auf.* UP1 *ruft* UP11 *und* UP12 *durch OUP/D:11 und OUP/E:11 auf.*
Sämtliche Unterprogramme UP *sind relativ zu A adressiert. Die Programmlängen sind*

   UP1 *62*, UP2 *36*, UP11 *84*, UP12 *97*.

   Man skizziere schematisch die Eingabe dieser Programme fortlaufend ab Adresse 4000 *mit den nötigen Direktiven.*

5. *Man schreibe ein Programm, welches eine positive ganze Zahl einliest und prüft, ob sie prim ist oder nicht. Die gelesene Zahl werde ausgedruckt und dahinter die Zahl 1, falls eine Primzahl vorliegt, andernfalls der erste Teiler, der gefunden wird.*
Anleitung: Beispiel 1 in 2.9., Teil I.

6. *Ein Name, der bereits einmal eine Adresse repräsentiert hat, soll durch die Direktive [DN (name) n] eine neue Adresse n repräsentieren; die alte Definition möge nicht mehr gebraucht werden. Man skizziere in einem Programmablaufplan die Verarbeitung dieser Direktive und berücksichtige insbesondere Fehlermöglichkeiten bei der Verwendung dieser Direktive.*

4. Strukturen und Programmiertechniken

Wer die Befehle eines RA kennt, gleicht einem, der Ziegelsteine und Mörtel besitzt. Ohne Bauplan, ohne Kenntnisse im Bauhandwerk usw. sollte er kein Haus bauen – der Versuch, die vergessene Türöffnung nachträglich auszustemmen, könnte sein Haus einstürzen lassen. Im Gegensatz zu stümperhaftem Bauen hat stümperhaftes Programmieren oft keine unmittelbar sichtbaren Folgen; erst im Laufe der Zeit erweisen sich schlechte Programme als teuer im wirtschaftlichen Sinne, da sie zu aufwendig oder nicht änderungsfähig oder nicht erweiterungsfähig oder zu speziell sind usw.

Im Rahmen einer „Einführung in das Programmieren" können wir uns nicht mit Begriffen und Theorien befassen, welche für kompliziertere Programmentwicklungen die sachgerechte Grundlage liefern müssen. Wir beschränken uns daher auf die Darstellung einiger Beispiele, die dem Leser die Problematik nahebringen sollen. Die Beispiele sind kompliziert; aber gerade komplexe Anwendungen werden in der Assemblersprache programmiert, weil höhere Programmiersprachen häufig zu speziell sind. Nicht auf Programmiertricks, wozu die Assemblersprache verführen könnte, sondern auf die größeren Zusammenhänge wie Programmstrukturen, Datenstrukturen und Algorithmen kommt es bei komplexen Anwendungen an; Programmiertechniken sind dafür zu entwickeln.

Vor *Programmiertricks* warnen wir durch ein extremes

Beispiel: *Die Hälfte der Einnahmen ist mit einem Steuersatz von . . .% zu versteuern.*

Ein Programm zur Ermittlung der abzuführenden Steuer könnte richtig folgende Befehle enthalten:

BX/0 : (EINNAHMEN)
IU/0 : (-1) ; *Stelle d_0 auf null setzen;*
IRL/0 : 1 ; *Halbieren durch Rechtsschieben;*
BS/(HAELFTE) : 0

Der lange Divisionsbefehl wurde vermieden, aber es wurde nicht erkannt, daß *„die Hälfte"* ein Parameter der Versteuerungsvorschrift ist. Wenn sich das Steuergesetz ändert, kostet dieser Programmiertrick eine teuere Programmänderung, wohingegen bei sachgemäßer Ausführung nur ein neuer Wert für den Parameter zu setzen wäre.

Zu den Aufgaben des Programmierers gehören auch Betrachtungen von Speicherbedarf und Zeitbedarf. Wir können im einzelnen nicht darauf eingehen. Den Zeitbedarf einzelner Befehle nennen die Programmierhandbücher, zu deren Lektüre dieses Lehrbuch den Hintergrund bilden soll. Zum Beispiel ist verständlich, daß ein Befehl *BXL/. . .* schneller ist als ein Befehl *BX/. . .,* da mit dem

Befehl *BXL/* bereits der Operand vorhanden ist, während bei *BX/* der Operand aus dem Speicher gelesen werden muß. Die Programmierung von Ausdrükken, z. B. $e+2\times b+3\times c$ (vgl. 2.1.), bleibt der Findigkeit des Programmierers überlassen, der sich einen sicheren Arbeitsstil aneignen muß. Formelle Übersetzungsregeln für Ausdrücke, wie sie der Abschnitt 4.4. u. a. bringt, sind die Angelegenheit von Übersetzungsalgorithmen, nicht die eines Programmierers.

4.1. Beispiele für Listen

Eine Menge von *n* gleichartigen Datensätzen sei zu speichern. Wir dürfen die Daten nicht wahllos im Speicher ablegen, sondern müssen es so einrichten, daß sie wieder auffindbar sind, und daß ihre Zugehörigkeit zu eben dieser Menge erkennbar ist. Im einfachsten Falle ordnet man die Daten nacheinander lückenlos (sequentiell) in den Speicher. Nun hat man einen „ersten", einen „nächsten", einen „letzten" Datensatz, und wir sprechen von einer **Liste**, bestehend aus Listenelementen. Genauer handelt es sich um eine **lineare Liste**, da jedes Element der Liste eine Positionsnummer hat, d. h. jedem Listenelement ist genau eine der Zahlen *1 . . . n* zuzuordnen. Wenn die Menge der Datensätze keinerlei Struktur besitzt, d. h. wenn die Datensätze in keiner Beziehung zueinander stehen (z. B. Ordnung; Zerlegung in Teilmengen), dann ist das Abspeichern der Menge befriedigend gelöst; die Positionsnummer dient allein der Aufzählung der Listenelemente.

Beispiel: Ein Element (Datensatz) der Adressenliste beim symbolischen Adressieren nimmt zwei Speicherzellen ein; das erste Wort enthält den Namen (aus bis zu vier Symbolen), das zweite Wort die durch den Namen repräsentierte Adresse

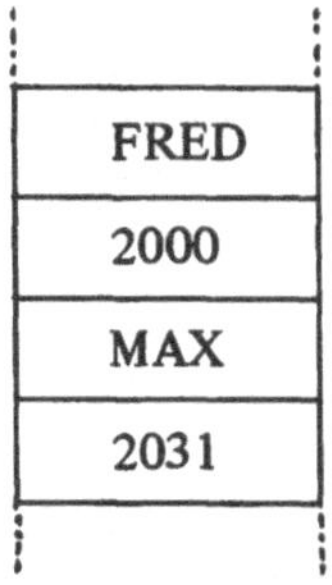

Wir haben stillschweigend vorausgesetzt, daß jedes Listenelement die gleiche Anzahl Speicherplätze beansprucht. Bei lückenloser Speicherfolge ist dann die Speicheradresse eines Elements eine lineare Funktion seiner Positionsnummer.

Dies gilt generell, wenn die Elemente äquidistant gespeichert sind, auch wenn zwischen benachbarten Elementen anderweitig belegte Speicherplätze liegen.

Wollen wir z. B. beliebig lange Namen speichern, dann nimmt ein Listenelement eine variable Anzahl von Speicherplätzen ein, und wir müssen die Listenelemente besonders kennzeichnen. Daran ändert sich nichts wesentliches, wenn Listenelemente **wahlfrei** im Speicher abgelegt werden (z. B. dort, wo im Laufe eines Programms zufällig Speicher frei ist oder frei wird). Es wäre unzweckmäßig, die Listenelemente lediglich als zur Liste gehörig zu kennzeichnen: Soll z. B. die Liste ausgegeben werden, dann wäre ein Speicherbereich nach Listenelementen abzusuchen. Zweckmäßig verkettet man daher die Elemente durch Angabe der Adresse des nächsten Elements, womit wieder eine lineare Liste vorliegt (welche nicht äquidistant gespeichert sein muß).

Schema einer verketteten Liste u[1], u[2], . . .:

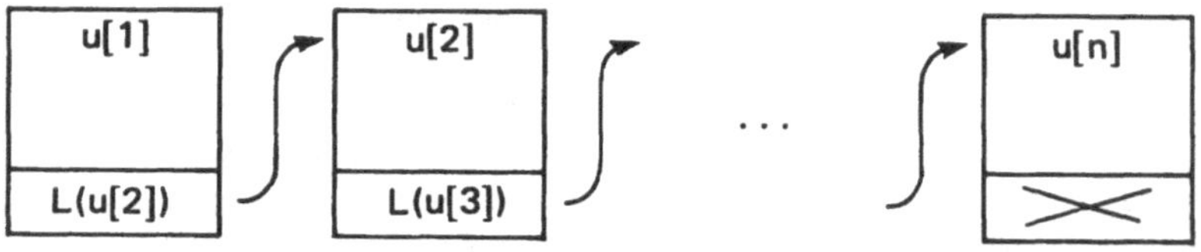

Kennzeichen für *„letztes Element"*

Häufig werden Abbildungen explizit tabellarisch durch Listen gegeben.

Beispiel: *Funktionstabelle,*
Urbilder x[i] → *Bilder* y[i]

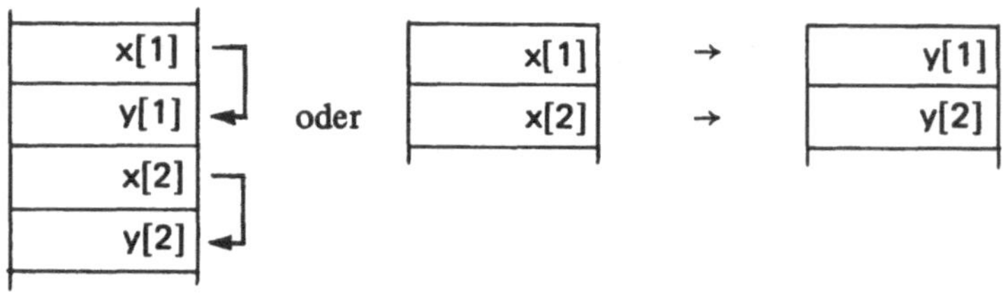

Tabellen werden zumeist so benutzt, daß zu einem gegebenen Urbild (z. B. x) das zugehörige Bild (z. B. y) gesucht wird. Dazu ist zunächst x aufzusuchen. Sind die Elemente der Liste völlig willkürlich angeordnet, dann muß nacheinander jedes Element darauf untersucht werden, ob es den Wert x hat, wozu im Mittel $n/2$ Suchschritte für eine Liste von n Elementen nötig sind. Sind die Listenelemente dagegen geordnet, dann kann x durch eine Intervallschachtelung sehr viel schneller gefunden werden (vgl. Aufgabe 3 in 3.7.). Das Ordnen von Listen geschieht durch Sortierverfahren. (Literatur: *McCracken, D. D., H. Weiss u. T. S. Lee: Programming Business Computers. New York 1959; und Flores, I.: Computer Sorting. Englewood Cliffs, N. J., 1969.)*

Ist die Urbildmenge einer Tabelle in einfacher Weise umkehrbar eindeutig auf die Menge der ganzen Zahlen *1 . . . n* abbildbar, dann brauchen die Urbilder nicht gespeichert zu werden, weil sie durch Adressen repräsentiert werden können; es bestimmt ein Urbild direkt die Adresse des gesuchten Bildes und ein Suchprozeß für das Urbild entfällt.

Beispiel: *Symbole werden intern im RA durch ganze Zahlen dargestellt, bei URA durch sechsstellige Dualzahlen. Von einem Lochstreifen gelesene Symbole werden mit Hilfe einer Tabelle in die interne Darstellung umcodiert (abgebildet).*

Kenntnis des Fernschreibers wird vorausgesetzt. Ein Befehl *ELX* bringt den Wert der nächsten Lochreihe nach X0 (Lesebefehl für einen Streifenleser). Eine Variable buzi gibt an, ob die gerade gelesene Lochreihe als Buchstaben- oder als Ziffernsymbol zu interpretieren ist. Wir schreiben ein Unterprogramm LES, welches den nächsten internen Symbolwert in X0 liefert (vgl. auch 4.4., „*Unverarbeitetes Symbol*").

```
(LES)     ELX                  | X0 := „Wert nächster Lochreihe"
          XX  /2 : 0           | X2 := X0;
          BX  /1 : (BUZI)      | ] Buchstabenstellung?
          KXZ/1                | ] (wenn buzi = 0)
          OLT/(BU)             | ja: →
          BX  /0 : (ZITAB) M   | Tabelle auslesen, Ziffernsymbol
          OL  /(BU) + 1        | →
(BU)      BX  /0 : (BUTAB) M   | Tabelle auslesen, Buchstabensymbol
          KXP/0                | Tabellenplatz positiv?
          OLF/(SONDER)         | nein: →
          O   /11              | X0 = Symbolwert, Rücksprung
(SONDER)  ILL /0 : 1           | ] zu übergehendes Symbol?
          KXP/0                | ]
          OLT/(LES)            | ja: →
          IUL /0 : 2           | ] andernfalls liegt Buchstaben- oder
          BS  /(BUZI) : 0      | ] Ziffernumschaltung vor
          OL  /(LES)           | →
```

Tabelle für interne Symbolwerte	Lochreihe	dualer Wert	Fernschreibersymbol
(ZITAB)			
= 400000000	○○.○○○	0	Transportloch
+ 5	○○.○○●	1	5
= 400000000	○○.○●○	2	Wagenrücklauf
+ 9	○○.○●●	3	9
+ 56	○○.●○○	4	Zwischenraum
+ 48	○○.●○●	5	10
. . .	. . .	. . .	. . .
. . .	. . .	. . .	. . .
= 600000000	●●.●●●	31	Buchstabenumsch.
(BUTAB)			
= 400000000	○○.○○○	0	Transportloch
+ 29	○○.○○●	1	T
. . .	. . .	. . .	. . .
. . .	. . .	. . .	. . .
+ 19	●●.○●○	26	J
= 600000001	●●.○●●	27	Ziffernumsch.
. . .	. . .	. . .	. . .
= 600000000	●●.●●●	31	Buchstabenumsch.

Urbilder sind bei diesen Tabellen die Werte der Lochreihen, umkehrbar eindeutig den Platznummern in den Tabellen zugeordnet.

Hat eine Datenmenge eine gewisse Struktur, d. h. stehen ihre Elemente in einer gewissen Beziehung zueinander, dann muß diese Struktur bei der Speicherung verarbeitungsgerecht berücksichtigt werden (z. B. ein zweidimensionales Feld von Variablen). Die anschauliche Beschreibung solcher – nicht mehr linearen – Listen geschieht am besten durch Graphen (z. B. die Liste der Ahnen, aufgezeichnet als Stammbaum).

Wir können das Thema nicht weiter verfolgen und schließen daher mit dem konkreten Beispiel einer symbolischen Adressierung. Die Adressenliste ist, wenn alle Namen definiert sind, eine lineare Liste, zu deren Verwaltung allein die Beginnadresse und die Adresse des ersten freien Platzes genügen. Ist ein Name nicht definiert, dann gibt es zu diesem Namen gehörig eine Liste von Adressen, an denen der Name verwendet wurde und die durch ihn repräsentierte Adresse noch nachzutragen ist (Vormerkungen). Beide Listen zusammen betrachtet haben nicht mehr die einfache Struktur einer linearen Liste. Es werde folgendes Programmstück von dem Assembler verarbeitet:

```
                   [ST 2000]
                   [DA (Z) 4000]
                   [IB]
2000   |     (U)   BXL / 2 : (Z)
.      |           . . .
2010   |           OLF / (W)
.      |           . . .
2015   |           OLF / (V) + 3
.      |           . . .
2030   |           OLT / (W) - 1
2031   |           OL / (V)
.      |           . . .
2035   |           OL / (W) + 1
2036         (W)   BRGP / 0 G
```

Bis einschließlich Befehl *OL/(W)+1* sind folgende Eintragungen geschehen:

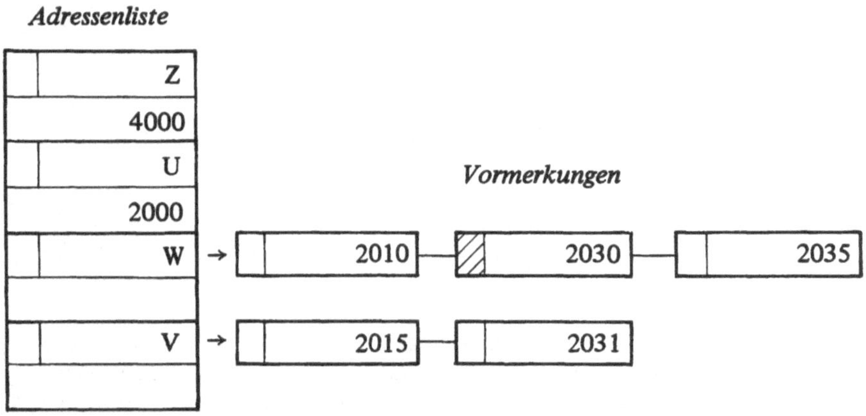

Die durch den Namen *(W)* definierte Adresse ist auf Speicherplatz 2010 einzusetzen, ferner in Speicherplatz 2030 einzusetzen, wobei der dort stehende Adressenteil negativ zu nehmen ist und auf Platz 2035 zu addieren. Wird nun *(W) BRGP/0 G* gelesen, dann wird *(W)* definiert; es repräsentiert die Adresse 2036; die Vormerkungen können erledigt werden.

Wie sollen wir die Vormerkungen abspeichern? In der Vormerkliste herrscht u. U. starke Bewegung. Sie kann stark wachsen, dann aber wieder schrumpfen, wenn Vormerkungen erledigt werden. Im Speicher liegen also eventuell zwischen gültigen Eintragungen freigegebene Speicherplätze (engl. *garbage*), die nicht mehr zur Vormerkliste gehören. Es wäre zweckmäßig, diese Plätze neu zu belegen oder die Liste irgendwie im Speicher schrumpfen zu lassen, damit die frei gewordenen Plätze anderweitig belegt werden können (engl. *garbage collection*).

Ein weiteres Problem ist die Existenz von eigentlich drei wachsenden Listen, nämlich dem Programm, das der Assembler aufbaut, der Adressenliste und der Vormerkliste.

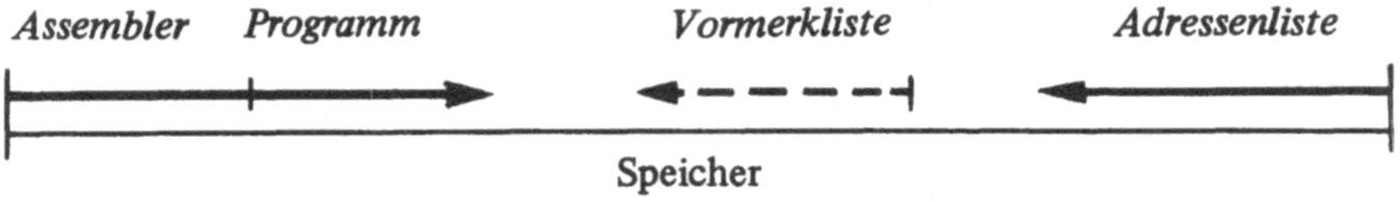

Wir haben also auf Kollisionen zu achten und die Listen zu verlegen, falls eine Kollision passiert. Wir können aber auch Adressenliste und Vormerkliste im selben Speicherbereich zusammenlegen, wobei dann an den Nahtstellen Verweisadressen gegeben werden müssen.

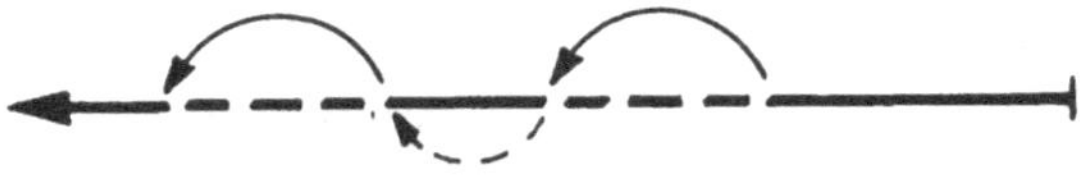

Adressen- und Vormerkliste

Alle Vormerkungen gliedern sich in Teillisten, wobei eine Teilliste alle Vormerkungen für einen bestimmten Namen umfaßt. Man braucht diese Strukturierung nicht zu berücksichtigen, wenn man bei jeder Vormerkung zusammen mit der Programmadresse auch den Namen abspeichert. Das kostet Speicherplatz und Zeit beim Suchen nach dem Namen, wenn die betreffenden Vormerkungen erledigt werden sollen. Besser ist es, wir ketten Vormerkungen eines Namens aneinander und an die Eintragung des Namens in der Adressenliste. Dies wollen wir zum Abschluß noch skizzieren. Die Verkettung wird durch relative Adressen in der Vormerkliste gegeben. Das letzte Glied der Kette ist durch Null gekennzeichnet. Solange ein Name unbekannt ist, wird die Vorzeichenstelle in der Adressenliste negativ gesetzt.

Stand bei Transport-adresse	Adressenliste	Vormerkliste	Bemerkungen

2011

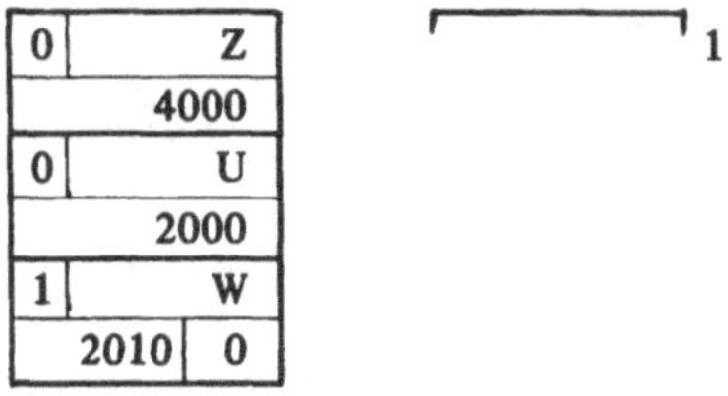

Z und U sind definiert. W ist nicht definiert, sondern vorgemerkt für fehlend in 2010.

2031

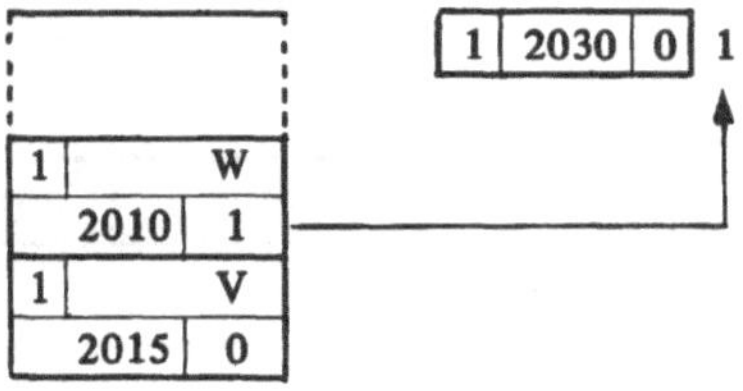

W ist erneut vorgemerkt, Vormerkung auf Position 1 der Vormerkliste. V ist vorgemerkt für fehlend in 2015.

2032

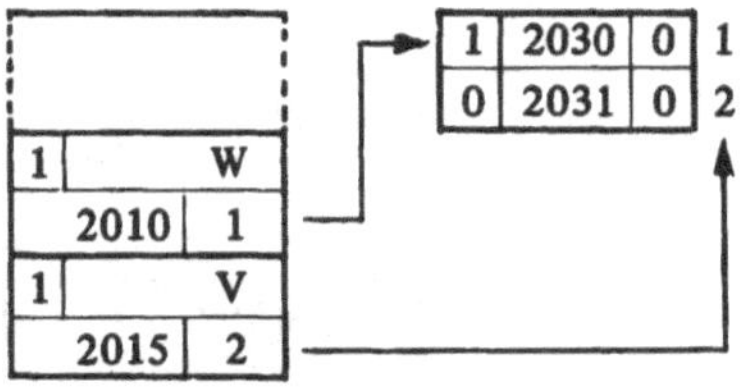

V erneut vorgemerkt auf Position 2 der Vormerkliste, fehlend in 2031

2036 vor *(W)*

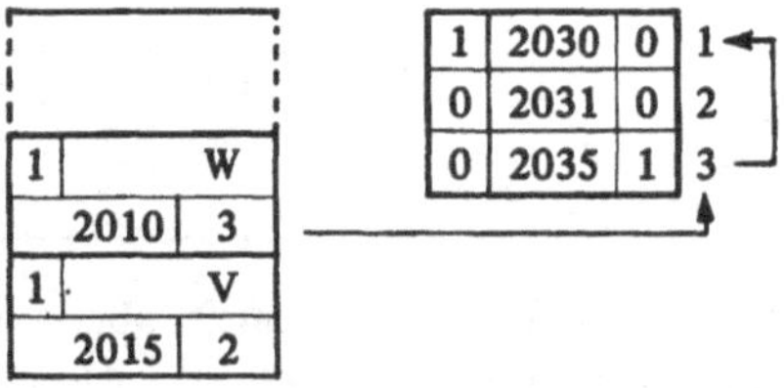

W ist vorgemerkt auf Position 3 und 1.

2036 nach *(W)*

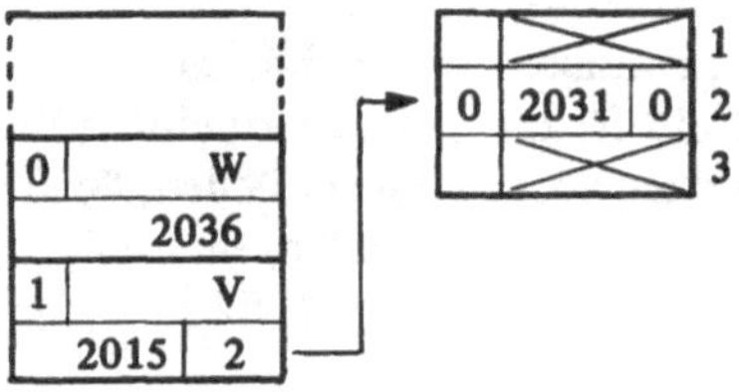

W wurde definiert und die Kette der zu W gehörigen Vormerkungen erledigt.

Wie geschieht also das Anlegen der verketteten Vormerkungen für einen Namen? Schematisch ist dies leicht aufzuzeichnen. Die Namenseintragung enthält immer die Referenz r auf die letzte Vormerkung; nur diese Referenz ist bei Verlängerung der Kette zu ändern. p[i] ist die Programmadresse bei der *i-ten* Vormerkung.

Stand bei *n* Vormerkungen eines Namens:

in der Adressenliste in der Vormerkliste

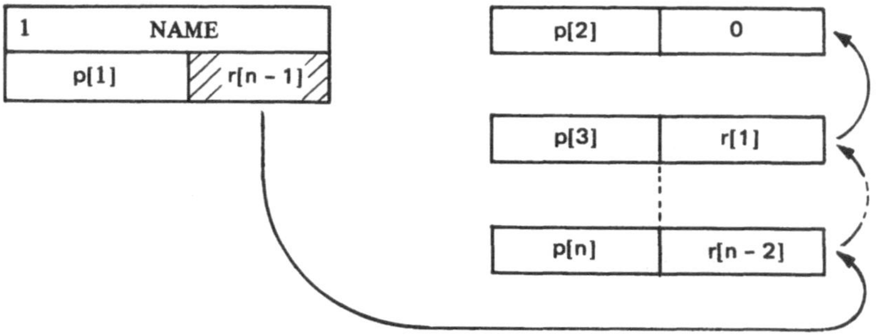

Stand bei *n + 1* Vormerkungen:

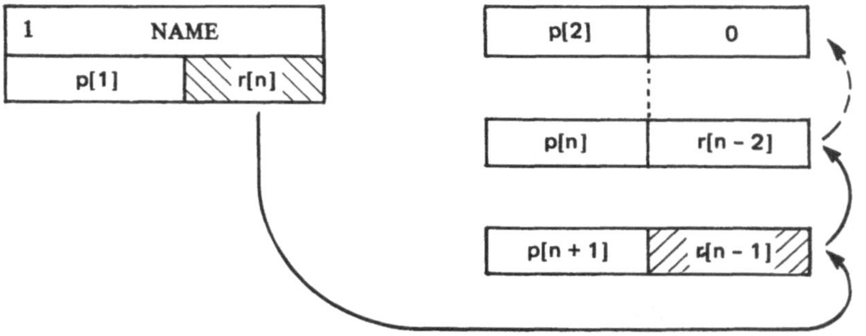

Dieser Beschreibungsversuch mag zum Verständnis, nicht aber zur Beschreibung des auszuführenden Algorithmus dienen. Ein Versuch, den Algorithmus in Algol zu formulieren, bringt unwesentliche Elemente herein, nämlich Felder und Indices; eine Beschreibung in einer Assemblersprache führt als spezielle Implementierung ebenfalls abseits. Man braucht für die Listenverarbeitung eine problemorientierte Sprache – nicht unbedingt aus praktischen Gründen, doch wenigstens zur Beschreibung von Algorithmen und Aufgabenstellungen.
(Literatur: *Foster, J. M.: List processing. London 1967.*)

Aus der Darstellung einiger weniger Beispiele in diesem Abschnitt soll der Leser die Einsicht gewonnen haben, daß auf dem Gebiet der Datenstrukturen und Datenorganisation umfangreiche Probleme vorliegen und daß er für weitergehende Anwendungen theoretisch fundierte Kenntnisse nicht entbehren kann.

4.2. Felder

Im Sinne von Algol ist ein Feld eine ein- oder mehrdimensionale kubische Anordnung von Variablen. Jede Variable nimmt einen oder mehrere Speicherplätze ein. Ein Feld ist eine spezielle Liste; insbesondere das eindimensionale Feld ist eine lineare Liste. Ein einzelnes Feldelement ist durch Indices bestimmt. Zunächst gehen wir von der in Teil I, Abschnitt 5.4.2., angegebenen lexikographischen Anordnung der Elemente im Speicher aus.

Bereits in Abschnitt 2.5. haben wir in Beispielen eindimensionale Felder verarbeitet. Zur weiteren Diskussion betrachten wir folgende Aufgabe:

Ein Feld **integer array** sa[1:p] *enthalte* $p = n \times (n+1) \div 2$ *Werte, und zwar bedeuten sie der Reihe nach*

$a_{11}, a_{21}, \ldots, a_{n1}, a_{22}, \quad a_{32}, \quad \ldots, a_{nn}$
$sa_1, sa_2, \qquad sa_n, sa_{n+1}, sa_{n+2}, \ldots, sa_p$

nämlich die spaltenweise hintereinander abgelegten Werte, die unterhalb und auf der Diagonalen eines **integer array** a[1:n, 1:n] *stehen. (Untere Dreiecksmatrix.)*
Die Aufgabe besteht darin, mit den Werten sa_k *die volle, symmetrische Matrix* a *zu besetzen.*

Diese Aufgabe löst folgender Algorithmus:

```
      k := 0;
gn:   for j := 1 step 1 until n do
      begin k := k+1; a[j,j] := sa[k];
      gv:   for i := j+1 step 1 until n do
            begin k := k+1;
                  a[i,j] := a[j,i] := sa[k]
            end
      end;
```

Zur Durchführung des Algorithmus müssen wir uns vorstellen: Immer wenn a[i,j] angesprochen wird, dann wird aus den Werten der Variablen i und j und aus Angaben über die Speicherung des Feldes a die Adresse des Elements a[i,j] errechnet. In dem Beispiel werden nacheinander die Elemente a[j,j], a[j+1, j], a[j+2, j], . . ., a[n,j] angesprochen, die, wie wir wissen, sequentiell im Speicher liegen. Die lexikographische Anordnung ist:

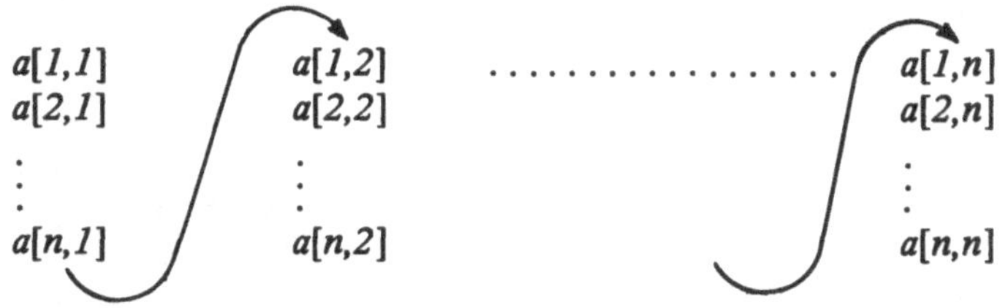

Eine vollständig neue Berechnung der Adresse von a[i,j] ist also, wie es in Algolprogrammen in der Regel geschieht, nicht nötig. Fast immer werden bei der Verarbeitung von Feldern die Elemente s y s t e m a t i s c h, z. B. zeilen- oder spaltenweise, angesprochen. Allgemeiner ausgedrückt: Es werden lineare Teillisten sequentiell verarbeitet. Das können wir beim Programmieren in einer Assemblersprache berücksichtigen. Für die Indexfortschaltung brauchen wir daher nicht die Variablen i und j, da wir nicht Indexwerte, sondern Adressen fortschalten; diese Adressen werden zudem meist in Indexregistern des RA oder in Zeigervariablen gehalten und fortgeschaltet. Die Zählung von Schleifendurchgängen geschieht durch Zählsprünge.

Werden dagegen Feldelemente w a h l f r e i angesprochen, dann brauchen wir Rechenvorschriften, um aus gegebenen Werten für die Indices die Adressen der Elemente zu errechnen. Damit befassen wir uns in 4.2.1. und 4.2.2.

Wir programmieren jetzt die gestellte Aufgabe. Der in Algol formulierte Algorithmus ist dabei nur eine Hilfe zur Beschreibung. Zu Beginn des Programmabschnitts sei

X0 = L(a[1,1]) (die Adresse von a[1,1])
X1 = L(sa[1])
X2 = n

Die Adresse eines Elements sa[k] sei der Wert einer Zeigervariablen ZK, fortzuschalten um *1*.
Die Adresse eines Elements a[i,j] sei der Wert einer Zeigervariablen ZIJ, über die Spalte laufend, also um *1* fortzuschalten.
Der Zeiger ZJI läuft über die Zeile, ist also um *n* fortzuschalten.
Analog ist ZJJ bestimmt. Die Laufanweisung mit der Marke gn wird durch Zähler 3, die mit Marke gv durch Zähler 4 verwaltet.

	SXL / 1 : 1	Zeiger ZK für fiktives
	BS / (ZK) : 1	Element sa[0], entspr. k := 0
	BS / (ZJJ) : 0	Zeiger ZJJ für a[1,1]
	BS / (N) : 2	Wert N
	BS / 3 : 2	Zähler ⟨3⟩ := N
(GN)	*BX / 2 : (ZK)*	Zeiger ZK fortschalten,
	AXL / 2 : 1	entsprechend k := k+1
	BS / (ZK) : 2	
	BX / 1 : 0 M	entsprechend
	BX / 2 : (ZJJ)	a[j,j] := sa[k]
	BS / 0 : 1 M	
	OZ / (END) : 3	Zählsprung : j-Laufvorschrift
	BS / (ZIJ) : 2	Zeiger ZIJ := ZJI := ZJJ
	BS / (ZJI) : 2	

```
        AX / 2 : (N)          Zeiger ZJJ := ZJJ + N+1
        AXL / 2 : 1           entsprechend Fortschaltung von j
        BS / (ZJJ) : 2
        BX / 0 : 3            Zähler ⟨4⟩ := ⟨3⟩
        BS / 4 : 0            entsprechend für i – Laufvorschrift
(GV)    BX / 2 : (ZK)         Zeiger ZK := ZK+1
        AXL / 2 : 1           entsprechend k := k+1
        BS / (ZK) : 2
        BX / 1 : 0 M          X1 := nächstes Element sa[k]
        BX / 2 : (ZIJ)        Zeiger ZIJ := ZIJ+1
        AXL / 2 : 1
        BS / (ZIJ) : 2
        BS / 0 : 1 M          a[i,j] := sa[k]
        BX / 2 : (ZJI)        Zeiger ZJI := ZJI+N
        AX / 2 : (N)
        BS / (ZJI) : 2
        BS / 0 : 1 M          a[j,i] := sa[k]
        OZ / (GV) : 4         Zählsprung : i - Laufvorschrift
        OL / (GN)             weiter in j-Laufvorschrift
(ZJJ)   OH
(ZIJ)   OH
(ZJI)   OH                    Plätze für Variable
(ZK)    OH
(N)     OH
(END)   . . .
```

Günstig für dieses Programm wären vier Indexregister entsprechend den Zeigern ZIJ, ZJI, ZJJ und ZK, die uns bei URA jedoch nicht zur Verfügung stehen.

4.2.1. Die Speicherabbildungsfunktion

Gegeben sei ein n-dimensionales Feld

$$a[e_1 : f_1,\ e_2 : f_2, \ldots, e_n : f_n]$$

Es sei lexikographisch fortlaufend gespeichert, wobei der erste Index zuerst läuft. Jedes Element nimmt s Speicherplätze ein. Wir suchen einen Ausdruck zur Berechnung der Adresse

$$L(a[i_1, \ldots, i_n])$$

aus den gegebenen Indices $i_1, \ldots, i_n$.

Das Feld hat die „*Kantenlängen*"

$$k_1 = f_1 - e_1 + 1, \ldots, k_n = f_n - e_n + 1$$

Die Herleitung des gesuchten Ausdrucks wird klar, wenn wir zunächst ein Feld $a[0 : f_1,\ 0 : f_2,\ 0 : f_3]$ betrachten.

Wir skizzieren die Anordnung der Elemente im Speicher und erkennen dabei eindimensionale Teilfelder $a[0{:}f_1, i_2, i_3]$ mit der Kantenlänge k_1 bei festen Indices i_2 und i_3, sowie zweidimensionale Teilfelder $a[0{:}f_1, 0{:}f_2, i_3]$ mit den Kantenlängen k_1 und k_2 bei festem Index i_3

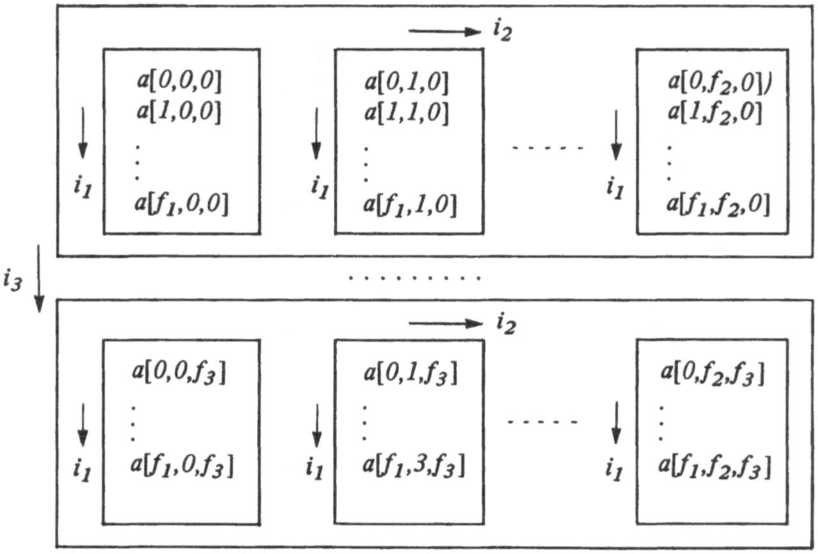

Um zum Element $a[i_1, i_2, i_3]$ zu gelangen, gehen wir vom Element $a[0,0,0]$ aus und überschlagen i_3 Teilfelder mit je $k_1 k_2$ Elementen, dann i_2 Teilfelder mit je k_1 Elementen, dann weitere i_1 Elemente.

$$L(a[i_1,i_2,i_3]) = L(a[0,0,0]) + i_3 k_1 k_2 s + i_2 k_1 s + i_1 s.$$

Dabei ist s der Abstand zweier benachbarter Elemente im Speicher.

Ist das Feld allgemeiner gegeben durch $a[e_1{:}f_1, e_2{:}f_3, e_3{:}f_3]$, dann haben wir uns auf die Adresse des ersten Elements zu beziehen und erhalten analog

$$L(a[i_1, i_2, i_3]) = L(a[e_1, e_2, e_3]) + (i_3-e_3)k_1 k_2 s + (i_2-e_2)k_1 s + (i_1-e_1)s$$

Es ist

$$L(a[e_1, e_2, e_3]) - e_3 k_1 k_2 s - e_2 k_1 s - e_1 s$$

die Adresse des möglicherweise nicht tatsächlich, sondern nur fiktiv existierenden Elements $a[0,0,0]$, so daß wir wieder erhalten

$$L(a[i_1, i_2, i_3]) = L(a[0,0,0]) + i_3 k_1 k_2 s + i_2 k_1 s + i_1 s$$

Führen wir neue Werte d_i ein,

$$d_n = k_1 k_2 \dots k_{n-1} s = d_{n-1} k_{n-1}$$
$$d_{n-1} = k_1 k_2 \dots k_{n-2} s = d_{n-2} k_{n-2}$$
$$\dots\dots$$
$$d_2 = k_1 s = d_1 k_1$$
$$d_1 = s,$$

so erhalten wir für das allgemeine Feld $a[e_1:f_1, \dots, e_n:f_n]$ die **Speicherabbildungsfunktion**

$$L(a[i_1, \dots, i_n]) = L(a[0, \dots, 0]) + \sum_{r=1}^{n} i_r d_r$$

Ein n-dimensionales Feld ist also durch $n + 2$ Werte

$$L(a[0, \dots, 0]), n, d_1, \dots, d_n$$

vollständig beschrieben.
Es ist übrigens d_r der Speicherabstand (Distanz) zweier Elemente $a[i_1, \dots, i_r, \dots]$ und $a[i_1, \dots, i_r+1, \dots]$, deren Indices sich nur in der r-ten Position um 1 unterscheiden.

Abgesehen von speziellen Feldern besagt der Begriff der Speicherabbildungsfunktion allgemeiner: Es liegt eine Liste von Elementen vor und die Speicherung der Listenelemente ist derart, daß eine Funktion von n Argumenten (eben die Speicherabbildungsfunktion) die Adresse des durch diese Argumente identifizierten Elements eindeutig bestimmt.

So kann z. B. eine Dreiecksmatrix gemäß einer Speicherabbildungsfunktion gespeichert werden, vgl. Aufgabe 3 in 4.5.

Betrachten wir unter diesem allgemeinen Gesichtspunkt eine Liste von Namen, wobei jeder Name aus vier Buchstaben besteht. Jeder Buchstabe habe einen Symbolwert $0 \dots 25$ gemäß $A \dots Z$. Wir können die Speicherung solcher Namen $s_1\ s_2\ s_3\ s_4$ in einer Liste durch die Speicherabbildungsfunktion

$$k \times (s_4\ 26^3 + s_3\ 26^2 + s_2\ 26^1 + s_1)$$

festlegen. Die Liste hat 26^4 Positionen. Nach einem Namen braucht nicht gesucht zu werden, da er selbst seine Adresse bestimmt. Kommen aber bei einer Aufgabenstellung nur irgendwelche 26^2 dieser Namen tatsächlich vor, dann sind 26^2 Listenplätze vergeudet. Man kann nun versuchen, die Speicherabbildungsfunktion so zu gestalten, daß weniger Plätze beansprucht werden, z. B.

$$s_4\ 26^2 + s_3 + s_2 + s_1\ 26$$

Sie ist dann nicht mehr eindeutig umkehrbar, d. h. zwei verschiedene Namen können die gleiche Adresse haben. Dieser Fall tritt vielleicht bei einer gegebenen Menge von Namen nicht auf, andernfalls können z. B. Namen mit solcher Adressenkollision in einer einfachen kleinen Sonderliste geführt werden. (Man spricht von *scatter storage.* Literaturhinweis: *R. Morris, Scatter Storage Techniques. Comm. ACM,* **11** *(1968), S. 38–44.)*

4.2.2. Die Leitzellentechnik

Betrachten wir ein **integer array** a[2:5, 1:3] und dazu folgendes Schema:

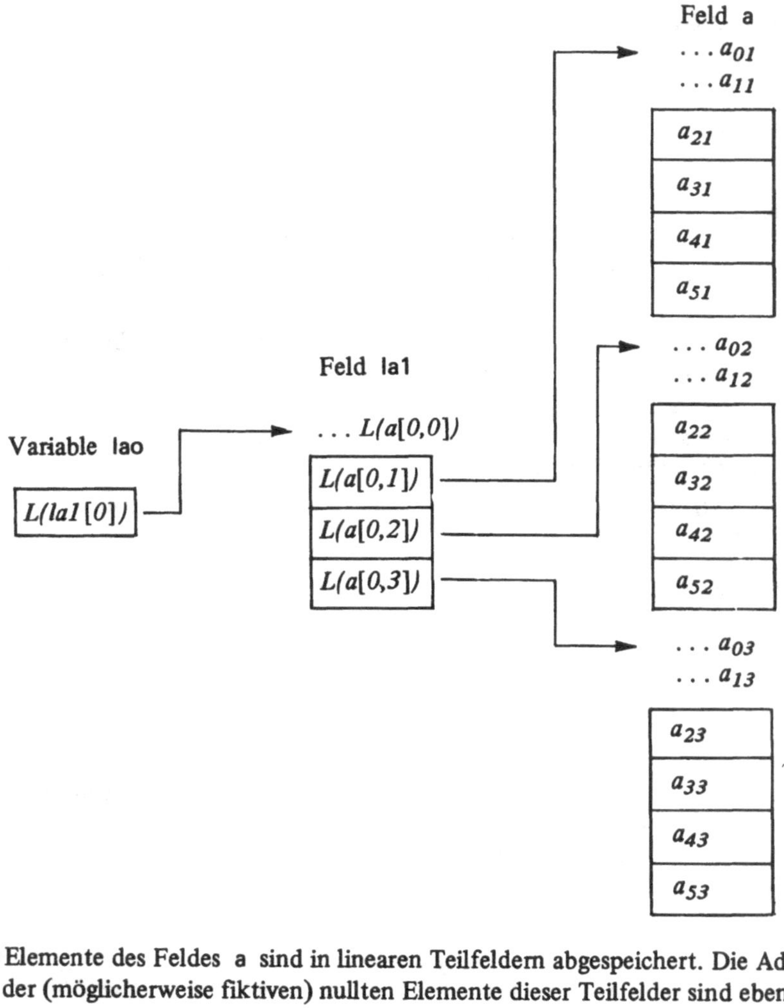

Die Elemente des Feldes a sind in linearen Teilfeldern abgespeichert. Die Adressen der (möglicherweise fiktiven) nullten Elemente dieser Teilfelder sind ebenfalls abgespeichert, sie bilden ein lineares Teilfeld la1 von sogenannten **Leitzellen.** Eine weitere Leitzelle la0 gibt die Adresse der möglicherweise fiktiven nullten Leitzelle la1[0] an. Ist die Leitzelle la0 der nullten Stufe des Leitzellenschemas bekannt, dann ist irgendein Element des Feldes aufgrund seiner Indices schnell auffindbar.

Beispiel: Gesucht sei *a[4,1]*

BX / 2 : (LAO)	LAO auslesen
AXL / 2 : 1	Adresse von LA1[1] bestimmen
BX / 2 : 0 M	LA1[1] auslesen, d. h. X2 := L(a[0,1])
AXL / 2 : 4	X2 := X2 + 4, d. h. X2 := L(a[4,1])
BX / 0 : 0 M	X0 := a[4,1]

Aufgrund des Leitzellenschemas geschieht das Aufsuchen eines Feldelementes durch eine Kette von Verweisadressen. Um dieses Schema besser zu verstehen, zeichnen wir es noch für Elemente a[i1, i2, i3] eines dreidimensionalen Feldes auf.

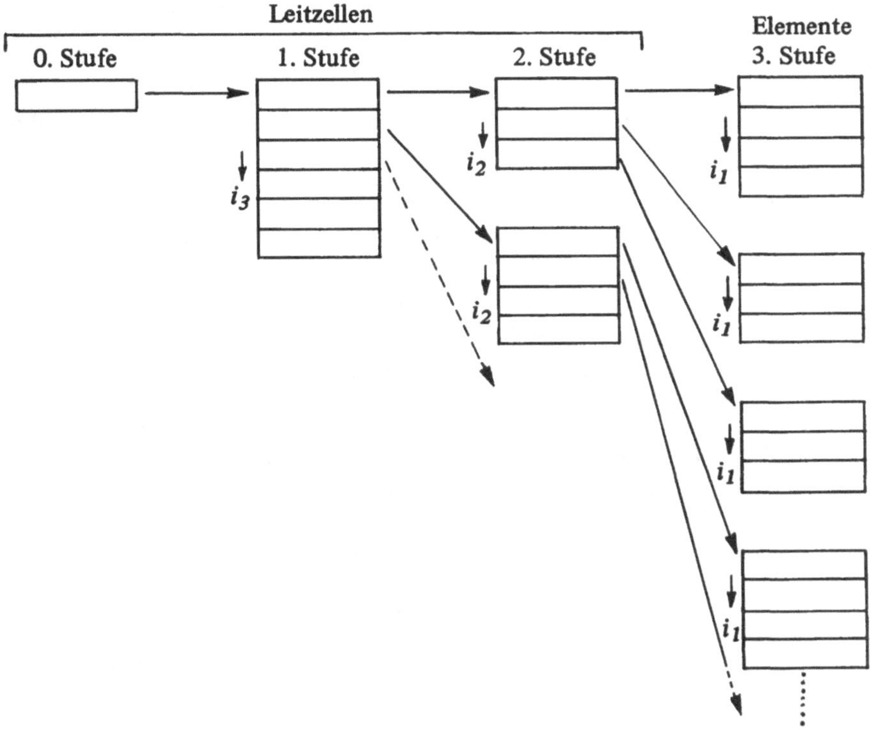

Wir sehen das Bild eines Baumes, an dessen Astenden lineare Listen von Feldelementen gespeichert sind; in jeder dieser Listen bestimmt der erste Index die

Listenposition, die übrigen Indices sind fest. Wird ein Element a[i1, i2, i3] gesucht, so gehen wir vom Stamm des Baumes aus und gelangen zu einem Knoten, der aus einer Liste von Adressen besteht. Wir wählen die i_3-te und gelangen wieder zu einem Knoten, bestehend aus einer Liste von Adressen. Wir wählen die i_2-te usw.

Drei wichtige Tatsachen sind festzuhalten:

1. Nur die einzelnen linearen Listen, die in den Knoten stehen, sind sequentiell gespeichert.
2. Der einzige Bezug in dem Leitzellenschema ist ein Adressenverweis von der i-ten auf die $(i+1)$-te Stufe.
3. Die Listen aller Stufen können verschiedene Längen haben, auch die Länge *0;* jede Liste beginnt jedoch mit der eventuell fiktiven Position *0.*

Zum Auffinden eines Elementes braucht man in der Leitzellentechnik nur **einen** Speicherzugriff und eine Addition je Indexposition, die Anzahl der Leitzellen ist etwa proportional der Anzahl der Elemente. Die Leitzellentechnik eignet sich insbesondere für teilweise besetzte Felder – das sind nicht Felder im Sinne von Algol.

Beispiel: Es seien die Elemente eines teilweise besetzten Feldes wie folgt abgespeichert:

2000	a_{11}	2400	a_{22}	2500	a_{45}
2001	a_{21}	2401	a_{32}	2501	a_{55}
		2402	a_{42}		
		2403	a_{52}		
		2404	a_{33}		
		2405	a_{43}		
		2406	a_{53}		

Leitzellenschema:

1900	*1900*	(la0)
	1999	
	2398	
	2401	
	☒	
	2496	

Es sei $i = 4,\ j = 3$

Gesucht ist die Adresse von a[i,j]

BX / 2 : (LA0)	1900
AX / 2 : (J)	1903
BX / 2 : 0 M	2401
AX / 2 : (I)	**2405** = L(a[4,3])

Verallgemeinert besagt die Leitzellentechnik: Jedes Element einer Liste ist durch Merkmale bestimmt und die Liste ist zusammen mit einem Schema von Adressenverweisen derart abgespeichert, daß die Merkmale eines Listenelements eine Kette von Adressenverweisen bestimmen, die zu dem Listenelement führt.

Beispiel: Der Assembler hat Befehle in interner Darstellung aufzubauen. Dazu werden die Befehlsbuchstaben symbolweise in ein Maschinenwort gesetzt, z. B. A M G L, und in einer Tabelle wird der entsprechende interne Befehlscode aufgesucht. Die Tabelle der URA-Befehle hat ca. *50* Positionen. Um das Suchen zu beschleunigen, ist die Tabelle nicht wahllos aufgebaut, sondern in Teiltabellen zerlegt; eine Teiltabelle enthält alle Befehle mit dem gleichen Anfangsbuchstaben, die Anfangsadressen der Teiltabellen sind in einer Leitzellenliste *(LEIT)* enthalten.

```
(LEIT) O/(ATA)
       O/(BTA)
       O/(CTA)
       O/(DTA)
       O/(ETA)
       =0      ⎫ Keine Teiltabellen mit Anfangsbuchstaben
       =0      ⎬ F G H
       =0      ⎭
       O/(ITA)
       usw.
```

Teiltabelle z. B. für Anfangsbuchstaben K

(KTA)	*=24 41 31*	*Text* K X P
	......	*Befehlscode für KXP/*
	=24 41 43	*Text* K X Z
	......	*Befehlscode für KXZ/*
	=24 33 31	*Text* K R P
	......	*Befehlscode für KRP/*
	=0	*Null, Kennzeichen für den Schluß einer Teiltabelle*

Symbolwerte:

	A	B	C	D	E	F	G	H	I	J	K	...
dezimal	*10*	*11*	*12*	*13*	*14*	*15*	*16*	*17*	*18*	*19*	*20*	...
oktal	= 12	= 13	= 14	= 15	= 16	= 17	= 20	= 21	= 22	= 23	= 24	...

4.3. Unterprogramme

Die Unterprogramme, die wir bisher in Beispielen gebracht haben, sind genauer als **abgeschlossene Unterprogramme** zu bezeichnen; das sind Programmabschnitte, die, einmal gespeichert, von einem „Hauptprogramm" jedesmal durch einen Unterprogrammsprung aufgerufen werden, wenn sie gebraucht werden. Sie entsprechen den Prozeduren in Algol.

Offene Unterprogramme sind Programmabschnitte, die jedesmal dann, wenn sie gebraucht werden, an der entsprechenden Stelle in das Hauptprogramm eingesetzt werden. Diese Technik ist nur für kurze Unterprogramme sinnvoll, bei denen in der Technik des abgeschlossenen Unterprogramms der Aufrufmechanismus und die Parameterübergabe nach Zeit und Speicherbedarf dem eigentlichen Inhalt des Unterprogramms gleichkommen würden. Das Einsetzen offener Unterprogramme geschieht zweckmäßig mit Hilfe des Assemblers als Makrobefehl (vgl. 3.6.).

Wir befassen uns im folgenden mit der Parameterübergabe für abgeschlossene Unterprogramme. Die Parameter denken wir uns in einem sogenannten **Versorgungsfeld** zusammengefaßt, auch wenn dieses Feld im Einzelfall nicht in einem zusammenhängenden Speicherabschnitt liegt. Die Bezeichnung „Versorgungsfeld" ist nicht so zu verstehen, daß es das Unterprogramm nur mit eingehenden Parametern versorgt – es vermittelt selbstverständlich auch Angaben über ausgehende Werte. Als Parameter für ein Unterprogramm kommen grundsätzlich alle Parameter infrage, die wir aus Algol kennen. Die Parameter sind in geeigneter Weise zu beschreiben, zum Beispiel:

Für Variable (nicht Ausdrücke):
Die Adresse der Variablen oder, falls die Variable nur ihren Wert einbringt, der Wert selbst.

Für Felder (auch Zeichenketten):
Eine Angabe über das Feld, z. B. die Adresse der Leitzelle des Feldes oder z. B. die Adresse der Angaben zur Speicherabbildungsfunktion des Feldes. Soll, entsprechend einer **value**-Spezifikation, das angegebene Feld nicht verändert werden, dann muß das Unterprogramm eine Kopie des Feldes anfertigen.

Für Prozeduren und Ausdrücke:
Eine Angabe über die Rechenvorschrift, z. B. der Aufrufbefehl eines Unterprogramms.

Für Marken:
Das Sprungziel selbst als Adresse.

Für Verteiler:
Eine Angabe, wo die Verteilerliste zu finden ist (z. B. ihre Adresse).

Für die Übergabe von Parametern haben wir größere Freiheiten als in Algol, wo wir die Syntax beachten müssen. Wir können z. B. die Adresse einer Variablen angeben oder die Adresse einer Speicherzelle, in der die Adresse der Variablen steht; oder allgemeiner die Adresse einer Rechenvorschrift, welche die Adresse oder den Wert einer Variablen ermittelt. Wie in Algol sind Art und Reihenfolge der Parameter durch das Unterprogramm festgelegt. Parameter in diesem Sinne sind alle direkten oder indirekten Angaben über diejenigen Größen des Programms, welche das Unterprogramm anzusprechen hat. Unterprogramme, welche direkt globale Größen eines speziellen Programms ansprechen, und welche nur in diesem Programm zu dessen statischer Verkürzung dienen, wollen wir nicht betrachten.

Für die **Anlage eines Versorgungsfeldes** diskutieren wir 6 Fälle.

1. Der einfachste und zugleich bequemste Fall eines Versorgungsfeldes ist die Parameterübergabe **in den Rechenregistern**, wie es unsere bisherigen Beispiele zeigten. Die Anzahl der Rechenregister ist jedoch begrenzt.

2. Das Versorgungsfeld kann auf **vereinbarten Speicherplätzen absolut** festliegen. Sind viele Unterprogramme so organisiert, dann hat man einen Speicherbelegungsplan für die Versorgungsfelder zu beachten, der schwer erweiterbar ist. Praktikabel ist dieser Fall bei einem in sich abgeschlossenen System von Unterprogrammen, z. B. zur linearen Algebra oder z. B. für Unterprogramme innerhalb eines Betriebssystems.

3. Das Versorgungsfeld ist **mit dem Unterprogrammaufruf verbunden**, analog der Parameterliste eines Prozeduraufrufs in Algol. Nachteilig ist das Füllen eines „Exemplars" des Versorgungsfeldes für jeden Aufruf des Unterprogramms. Das Unterprogramm hat nur indirekten Bezug zu den Parametern, nämlich durch die Rückkehradresse.

Beispiel: *Prozeduranweisung* p(x,y,z);

Hauptprogramm:

```
         ...
         BRGP / (X)           Füllen des Versorgungsfeldes
         BSGP / (RUF) 1
         BRGP / (Y)
         BSGP / (RUF) 3
         BXL / 0 : (Z)
         BS / (RUF) 5 : 0
(RUF)    OUP / (P) : 11       Aufruf von p
         OH                   Versorgungsfeld
         OH                                     Wert von x
         OH
         OH                                     Wert von y
         OH                                     L(z)
→        ...
```

Unterprogramm:

```
(P)      BX / 2 : 11          X2 := „Rückkehradresse"
         BS / 40 : 2
         BRGP / 0 G           R := x
         ...
         BRGP / 2 G           R := y
         ...
         BX / 2 : 11
         BX / 2 : 4 M         MG := L(z)
         BS / 40 : 2
         ...
         BSGP / 0 G           z := ...
         BXL / 2 : 5          Erhöhen der Rückkehradresse
         AS / 11 : 2
         O / 11               Rücksprung
```

4. Das Versorgungsfeld ist **mit dem Unterprogramm fest verbunden**. Gegenüber dem Fall 3 haben wir jetzt nur ein einziges Versorgungsfeld, das für jeden Aufruf benutzt wird. Ein solches Unterprogramm ist sicherlich nicht wiedereintrittsfähig. Vorteilig ist, daß das Unterprogramm einen direkten Bezug auf die Parameter hat.

Beispiel: *Prozeduranweisung* p(x,y,z);

Aufruf:

```
   OUP / (P) 5 : 11
Unterprogramm:
   (P)  OH          ┐
        OH          ┘  Wert von x
        OH          ┐
        OH          ┘  Wert von y
        OH          ]  L(z)
   →    . . .          Einsprung
        BRGP / (P)     R := x
        . . .
```

5. Das Versorgungsfeld ist **frei lokalisiert.** Die Parameterübergabe besteht darin, daß dem Unterprogramm (z. B. in einem Register) die Adresse des Versorgungsfeldes mitgeteilt wird. Ob für jeden Aufruf ein eigenes Exemplar des Versorgungsfeldes vorliegt oder nicht, bleibt freigestellt.
   Das Unterprogramm nimmt zu den Parametern ähnlich wie in Fall 3 Bezug. Wir kommen auf diesen Fall in 4.4. zurück.

6. **Gemischte Fälle** aus 1 bis 5.

Beispiel: *Frei lokalisiertes Versorgungsfeld.*

Die folgende Prozedur zeigt die typische Aufrufform einer Rechenvorschrift zur genäherten Integration.
(Zur Vereinfachung ist die Trapezregel auf das ganze Intervall a, b angewandt.)

```
real procedure trapez (a, b, fx, x);
   value a, b; real a, b, fx, x;
   begin real s;
         x := a; s := fx;
         x := b; s := (s + fx) / 2.0 × (b - a);
         trapez := s
   end;
```

Aufrufbeispiel: y := trapez (0, 1.57, sin(x), x);

Wir schreiben ein Unterprogramm, welches dieser Prozedur entspricht. Der Integrand fx ist durch eine Rechenvorschrift gegeben, deren Aufruf als Parameter mitgeteilt wird. Das Versorgungsfeld ist zugleich der Beginn des freien Arbeitsspeichers zur Benutzung durch das Unterprogramm.

Aufruf: *OUP / . . .: 11* mit X0 = „*Beginnadresse des Versorgungsfeldes*"

Rücksprung: Ergebnis auf Platz 0,1 des Versorgungsfeldes und
X0 = „*Beginnadresse des Versorgungsfeldes*"

Versorgungsfeld	0, 1	Wert von a; Ergebnis bei Rücksprung
	2, 3	Wert von b
	4	Adresse von x
	5	Aufruf für Integrand fx
Arbeitsspeicher	6	[Sprungbefehl *OL / (RUF) 6*]
für trapez:	7	Rückkehradresse für *TRAPEZ*
	8	Rückkehradresse für *RUF*
	9	Adresse von Platz 5
	10,11	Wert von s
für fx:	12,13	Wert entsprechend fx

(TRAPEZ)	*BS / 12 : 0*	⟨12⟩ := MG := X2 :=
	BS / 40 : 0	*„Beginnadresse Versorgungsfeld"*;
	XX / 2 : 0	
	BX / 0 : 11	Platz 7: Rückkehradresse für *TRAPEZ*
	BS / 7 : 0 M	
	BX / 0 : (BEFEHL)	Platz 6: Anschlußbefehl
	BS / 6 : 0 M	
	BX / 0 : 12	
	AXL / 0 : 5	Platz 9: Adresse von Platz 5
	BS / 9 : 0 M	
(M1)	*BRGP / 0 G*	
	BX / 2 : 12	
	BX / 2 : 4 M	x := a;
	BS / 40 : 2	
	BSGP / 0 G	
	OUP / (RUF) : 11	s := fx;
	BSGP / 10 G	
	BRGP / 2 G	
	BX / 2 : 12	
	BX / 2 : 4 M	x := b;
	BS / 40 : 2	
	BSGP / 0 G	
	OUP / (RUF) : 11	
	ARGP / 10 G	s := (s + fx) / 2.0;
	DRGP / (ZWEI)	
	BSGP / 10 G	
	BRGP / 2 G	
	SRGP / 0 G	
	MRGP / 10 G	s := s × (b − a);
	BSGP / 0 G	Platz 0,1 : s

```
             BX / 0 : 12
             XX / 2 : 0             Rücksprung aus  TRAPEZ
             O / 7 M
(ZWEI)       [IG], 2.0, [IB]        Konstante 2.0
(RUF)        BX / 2 : 12              Aufruforganisation für den
             BX / 0 : 11                Integranden
             BS / 8 : 0 M           Platz 8: Rückkehradresse für  RUF
             BX / 0 : 12
             AXL / 0 : 12           Fortschaltung f. Arbeitsspeicher
             O / 9 M                Sprung nach Platz 5
→            SXL / 0 : 12           Integrand ist berechnet
             BS / 40 : 0
             BS / 12 : 0            ⟨12⟩ := MG := X0;
             BRGP / 12 G            R := fx;
             BX / 2 : 12
             O / 8 M                Rücksprung aus  RUF
(BEFEHL)     OL / (RUF) 6           Anschlußbefehl
```

Beispiel eines Aufrufs von TRAPEZ:

trapez (a, b, sin(x), x)

```
(HAUPTPROGRAMM)
   STA
   . . .                            Einlesen von Werten für  a  und  b
   . . .
   BXL / 2 : (A)                    Beginnadresse Versorgungsfeld
   BXL / 1 : (X)
   BS / 4 : 1 M                     Platz 4: Adresse von  x
   BX / 1 : (FX)                    Platz 5:
   BS / 5 : 1 M                        Aufrufbefehl für Integranden
   XX / 0 : 2
   OUP / (TRAPEZ) : 11                 Aufruf  TRAPEZ
   BS / 40 : 0                      MG := „Beginnadresse Versorgungsfeld"
   BRGP / 0 G
   PR                               Ergebnis drucken
   STP                              Ende
---------------------------------
(SIN)                               Unterprogramm für den Integranden
   BS / 40 : 0
   BRGP / (X)
   SIN
   BSGP / 0 G
   BX / 0 : 40                      Ergebnis wird an die in  X0
   O / 11                           angegebene Adresse gebracht.
```

```
(FX) OUP / (SIN) : 11                Aufrufbefehl für Integranden
-------------------------------
(TRAPEZ)
   BS / 12 : 0
   . . .                             Unterprogramm TRAPEZ
   . . .
(BEFEHL)
   OL / (RUF) 6
-------------------------------
[IG] (X) = 0, = 0
     (A) = 0, = 0                    Versorgungsfeld
     (B) = 0, = 0
   [SH]
```

Bemerkungen:

Von dem Programm, das *TRAPEZ* aufruft, werden außer den aktuellen Parametern a, b, x, fx noch daran anschließende Arbeitsspeicher zur Verfügung von *TRAPEZ* mitgegeben. Wir betrachten diese als zum Versorgungsfeld gehörig. *TRAPEZ* selbst ist eine reine Rechenvorschrift, alle veränderlichen Speicherplätze liegen im Versorgungsfeld, zu dem nur indirekter Bezug möglich ist. Dieser Bezug gestaltet sich bei dem geringen Befehlsvorrat von URA, bei nur einem Indexregister und ohne indirekte Adressierung, etwas schwierig, vgl. z. B. die Befehle bei Marke *(M1)*.

TRAPEZ gibt die Steuerung an den Integranden ab, über den nur bekannt ist, wo er das Ergebnis abliefert. Sämtliche Register müssen zur Verfügung des Integranden stehen! Der Bezug auf sein Versorgungsfeld kann dem Unterprogramm *TRAPEZ* nur dadurch erhalten werden, daß es eine Adresse, die es in X0 an den Integranden weitergibt, von letzterem wieder in X0 zurückerhält. Der Aufruf des Integranden ist daher in ein Unterprogramm *(RUF)* innerhalb *TRAPEZ* eingebettet.

Wir kommen in 4.4. auf dieses Beispiel noch einmal zurück.

4.4. Stapellisten

Bei jeder Aufgabe der Informationsverarbeitung ist die Struktur der zu verarbeitenden Informationen zu beachten, und ein Algorithmus zusammen mit der geeigneten Programmiertechnik zu finden. Strukturen zu erkennen ist eine Aufgabe des geschulten Fachmanns der Datenverarbeitung. Ein Lehrbuch der Programmierung kann sich nur am Rande mit Strukturfragen beschäftigen, indem es an Beispielen ihre Bedeutung sichtbar macht. In diesem Sinne beschäftigen wir uns zum Abschluß dieses Kapitels mit Stapellisten.

Eine **Stapelliste** (engl. *stack* oder *pushdown-list,* auch Keller) ist eine lineare Liste, bei der Zu- und Abgänge nur an einem Ende gemacht werden. Sie ist gewissermaßen ein Stapel, bei dem oben abgenommen und zugelegt wird. Das „älteste" Element liegt zuunterst, das „jüngste" obenauf; es wird immer nur auf das jüngste Element zugegriffen *(last in – first out).* Demgemäß einfach geschieht die Verwaltung der Liste durch einen Zeiger (Stapelzeiger). Es gibt RA, die geeignete Stapelbefehle haben (*„Lege auf dem Stapel gemäß Stapelzeiger ab, erhöhe den Stapelzeiger"* – und umgekehrt). In einer Stapelliste können Informationen bis zu einer späteren Verarbeitung „gekellert" werden. Wir geben dazu vier Beispiele.

Geschachtelte Unterprogrammaufrufe

Nehmen wir einmal an, daß der RA nur ein einziges Rückkehradressenregister habe. Ein Unterprogrammm UP1, das seinerseits ein weiteres Unterprogramm UP2 aufruft, muß die Rückkehradresse für seinen eigenen Rücksprung dem Rückkehradressenregister entnehmen und sie für den Rücksprung aufbewahren, da das Register für neue Unterprogrammaufrufe benötigt wird.

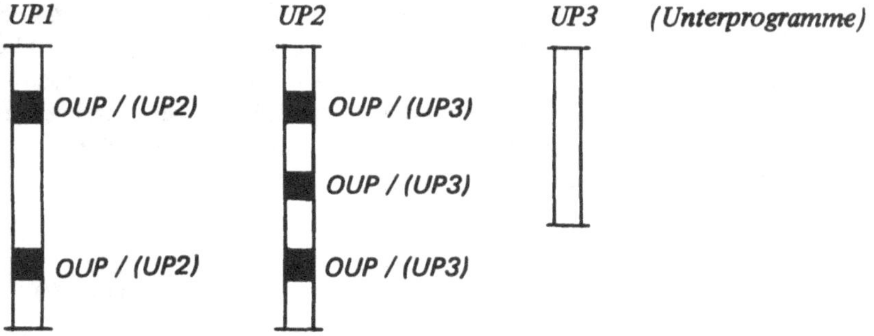

Die einfachste Art der Verwaltung der Rückkehradressen ist die, jede Rückkehradresse nach dem Einsprung in ein Unterprogramm auf einen Stapel zu legen und bei einem Rücksprung die obenaufliegende Adresse zu entnehmen. Dieser Stapel hat für obige Skizze dynamisch folgende Gestalt: (R(. . .) bedeutet *Rückkehradresse für* . . .).

	Stapel →		
Nach Einsprung in UP1 :	R^1(UP1)		
Nach 1. Einsprung in UP2 :	R^1(UP1)	R^1(UP2)	
Nach 1. Einsprung in UP3 :	R^1(UP1)	R^1(UP2)	R^1(UP3)
Nach 1. Rücksprung aus UP3 :	R^1(UP1)	R^1(UP2)	
Nach 2. Einsprung in UP3 :	R^1(UP1)	R^1(UP2)	R^2(UP3)
Nach 2. Einsprung in UP2 :	R^1(UP1)	R^2(UP2)	
Nach 2. Rücksprung aus UP2 :	R^1(UP1)		
Nach Rücksprung aus UP1 :	leer		

Formelübersetzung

Dieses Beispiel ist für den Leser nicht von praktischer Bedeutung; er mag es als Anregung für weitere Studien betrachten.
(Literaturhinweis: *A. A. Grau und Hill U. und Langmaack H.: Translation of Algol 60, Springer Verlag Berlin, Heidelberg, New York 1967* und *Schneider, H. J.: Aufbau und Arbeitsweise von Compilern. Berlin 1969.)*

Nehmen wir einmal an, daß es Vorrangregeln für die arithmetischen Operationen nicht gebe, so daß ein wie gewöhnlich angeschriebener Ausdruck

(b + c X d) / (a - d) + e

durch

((b + (c X d)) / (a - d)) + e

ausgedrückt werden muß. Die Klammerstruktur kann man durch Niveaus ausdrücken (Klammergebirge).

((b + (c X d)) / (a - d)) + e

Die Übersetzung dieser Formel in eine Folge von Befehlen muß auf einem Gipfel begonnen werden. Dazu braucht man nicht das gesamte Klammergebirge zu kennen, sondern die Tatsache, daß „)" auftritt, zeigt an, daß ein Gipfel verlassen wird. Man liest die Symbole nacheinander und stapelt sie, bis ein Gipfel verlassen wird; dann kann die Übersetzung bereits beginnen, wobei der Stapel bis zum entsprechenden Symbol „(" geleert wird. Wir geben eine knappe Skizze:

Stapel:	*Verarbeitung:*	
((b + (c X d)	v1 := c X d	
((b + v1)	v2 := b + v1	(Hilfsvariable v)
(v2 / (a - d)	v3 := a - d	
(v2 / v3)	v4 := v2 / v3	
v4 + e	v5 := v4 + e	

Den so entstandenen Anweisungen entsprechen einfache Befehlsfolgen:

```
BX / 1 : (C),    MX / (D),       BS / (V1) : 1
BX / 0 : (B),    AX / 0 : (V1),  BS / (V2) : 0
. . . usw.
```

(Tatsächlich sind die Übersetzungstechniken sehr viel verfeinerter.)

„Unverarbeitetes Symbol"

Das Assemblerprogramm braucht ein Unterprogramm *LFP*, das ganze Zahlen liest, z. B. absolute Adressen. *LFP* beginnt mit dem ersten Ziffernsymbol einer

Zahl und endet, wenn ein anderes als ein Ziffernsymbol vorliegt. Die Symbole werden durch das in 4.1. vorgestellte Unterprogramm *LES* vom Eingabemedium gelesen und in interner Darstellung abgeliefert. Wenn nun z. B. . . . .: *1024 M* auf dem Eingabemedium vorliegt und durch *LFP* die Adresse *1024* gelesen wird, dann fordert *LFP* nach dem Symbol *4* das nächste an, es ist *M*. Das Symbol *M* ist nun vom Eingabemedium gelesen und wäre für die weitere Verarbeitung nicht mehr greifbar!

LFP gibt daher das Symbol an einen verkümmerten, nur aus einem Wort bestehenden Stapel *ST*, der eine globale Variable des Assemblerprogramms ist. Ein Unterprogramm *BNSS* liefert das nächste unverarbeitete Symbol entweder vom Stapel oder durch Lesen vom Eingabemedium.

(LFP)	*BXL / 1 : 0*	zahl := 0;
	BS / (ZAHL) : 1	
	OUP / (BNSS) : 11	v := *„nächstes Symbol"*
	BS / (V) : 0	
	SXL / 0 : 9	v > 10
	KXP / 0	
	OLT / (FERTIG)	ja, → *(FERTIG)*
	BX / 1 : (ZAHL)	
	MX / (ZEHN)	zahl := zahl × 10 + v;
	AX / 1 : (V)	
	KXZ / 0	Wenn Kapazität eines Registers über-
	OLF / . . .	schritten, dann z. B. Fehleranzeige, →
	OL / (LFP) 1	→
(FERTIG)	*BX / 0 : (V)*	st := v; d. h. nicht verarbeitetes
	BS / (ST) : 0	Symbol auf den Stapel legen
	BX / 0 : (ZAHL)	X0 := zahl;
	O / 12	Rücksprung aus *LFP*
(BNSS)	*BX / 0 : (ST)*	
	KXP / 0	st > 0?, d. h. Stapel enthält Symbol?
	OLF / (LES)	nein, →
	NS / (ST) : 0	Stapel leeren, d. h. negativ setzen
	O / 11	Rücksprung aus *BNSS*
(LES)	. . .	nächstes Symbol vom Eingabemedium
	. . .	holen und
	O / 11	bei Rücksprung in X0 abliefern

Dynamische Belegung von Arbeitsspeichern

Wir diskutieren die Forderung, daß alle Programme reine Rechenvorschriften sein sollen, d. h. streng von variablen Speicherinhalten getrennt sein sollen.

Zweckmäßig bilden alle Variablen einen Stapel von Speicherplätzen, und dieser Stapel wächst in einem **freien Arbeitsspeicher.**

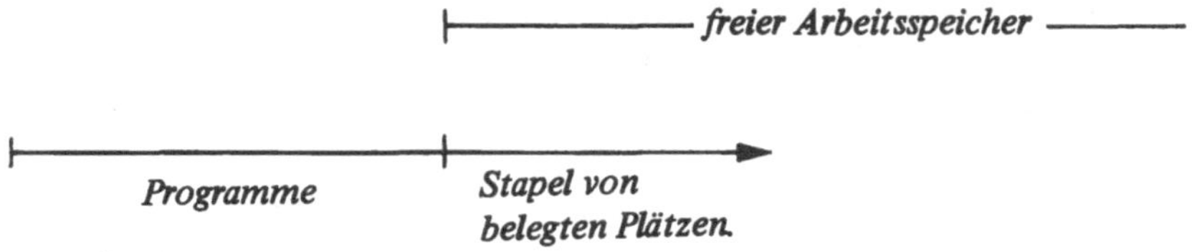

Die Nachteile dieser Speicherorganisation bestehen darin, daß jedes Programm nur indirekten Bezug zu allen variablen Speicherinhalten hat, und daß diese Organisation alle Programme betreffen muß, die zusammen im Speicher arbeiten sollen. Jede Ausnahme würde das System ineffektiv machen. Für viele wohlabgegrenzte Anwendungsbereiche wird man die Nachteile nicht in Kauf nehmen.

Wir diskutieren die Vorteile:
In jedem Augenblick sind nur so viele Arbeitsspeicher belegt als tatsächlich benötigt werden – der Stapel von belegten Plätzen wächst und schwindet. Um diesen Vorteil ganz zu verstehen, müssen wir daran denken, daß der Rechner eventuell mehrere unabhängige Programme abwechselnd bearbeitet *(multiprogramming).* Stößt der Stapel an die Grenze des Kernspeichers, dann können die älteren Informationen in einen Sekundärspeicher gelegt werden. Wird ein Programm unterbrochen, weil Platz für eine wichtigere Aufgabe benötigt wird, dann kann ein zweites Programm auf dem Stapel des ersten weiterarbeiten und eventuell alle alten Informationen einschließlich des ersten Programms in den Sekundärspeicher drängen.

Den Aufruf eines Unterprogramms dürfen wir ebenfalls als eine Programmunterbrechung auffassen. Das Unterprogramm requiriert die benötigten Arbeitsspeicherplätze auf dem Stapel – auch das Versorgungsfeld gehört dazu (vgl. letztes Beispiel in 4.3.). Jedes Programm übernimmt den Stapelzeiger und gibt ihn nach Beendigung seiner Tätigkeit so wieder zurück, wie es ihn erhalten hat. Alle Programme können in dieser Technik **wiedereintrittsfähig** werden – für Unterprogramme bedeutet dies insbesondere, daß sie **rekursiv aufrufbar** sind. Durch die gleiche Technik werden sie auch rekursiv definierbar. (Zur Rekursivität vgl. Teil I, 4.5.) Für eine Diskussion über Rekursivität müssen wir den Leser auf die Literatur verweisen:
Barron, D. W.: Recursive Techniques in Programming, London 1968.

Wir schließen mit einem **Beispiel** ab, das bereits durch das letzte Beispiel in 4.3. vorbereitet ist.

Rekursiver Aufruf

trapez (1.57, 3.14, trapez (1.57, y, sin(x), x), y)

zur genäherten Bestimmung von $\int_{\pi/2}^{\pi} \left(\int_{\pi/2}^{y} \sin(x)\, dx \right) dy$

[DB]	
[IB]	
[ST 5000]	
(TRAPEZ) BS / 12 : 0	
. . .	*Unterprogramm TRAPEZ aus* 4.3.
. . .	
O / 8 M	
(BEFEHL) OL / (RUF) 6	
[ST 5120]	*Hauptprogramm*
STA	
BXL / 2 : (FREI)	MG := „*Beginnadresse freier*
BS / 40 : 2	*Arbeitsspeicher*
LGR	
BSGP / 0 G	Integrationsgrenzen $\pi/2$ und π lesen
LGR	und im Versorgungsfeld bereitstellen
BSGP / 2 G	
BX / 2 : 40	
BX / 0 : (BEF1)	Aufrufbefehl für Integranden
BS / 5 : 0 M	
BXL / 0 : (Y)	Adresse
BS / 4 : 0 M	der Integrationsveränderlichen y
BXL / 0 : (FREI)	Aufruf *TRAPEZ*
OUP / (TRAPEZ) : 11	
BS / 40 : 0	
BRGP / 0 G	Ergebnis drucken
PZ	
PR	
STP	Stopp
(IN1Y)	*Integrand* trapez (1.57, y, sin(x), x)
BS / 40 : 0	Versorgungsfeld füllen
BRGP / (PI2)	Integrationsgrenzen $\pi/2$
BSGP / 0 G	
BRGP / (Y)	
BSGP / 2 G	Wert von y
BX / 0 :(BEF2)	
BX / 2 : 40	Integrand sin(x)
BS / 5 : 0 M	

```
BXL / 0 : (X)            ]  Adresse
BS / 4 : 0 M             ]  der Integrationsveränderlichen x
BX / 0 : 40
OL / (TRAPEZ)               Sprung nach TRAPEZ, Rücksprung
(BEF1)                                                   dort
OUP / (IN1Y) : 11

(IN2X)                      Integrand sin(x)
BS / 40 : 0
BRGP / (X)
SIN
BSGP / 0 G
BX / 0 : 40
O / 11
(BEF2)
OUP / (IN2X) : 11

[IG]
(PI2) 1.57                  Konstante π/2
(X)   0.0                   Integrationsveränderliche x
(Y)   0.0                                             y
(FREI)                      Beginn des freien Arbeitsspeichers
[SH]
```

Wir haben in diesem Beispiel darauf verzichtet, einen Stapelzeiger für belegte Plätze zu führen, um die ohnehin schon aufwendige Organisation nicht noch mehr zu belasten. Der Leser darf sich von der Fülle der Befehle nicht davon abschrecken lassen, anhand des Kommentars die Logik der Konstruktion zu verfolgen und sich die dynamische Belegung des Arbeitsspeichers klar zu machen.

4.5. Aufgaben

1. *Es liegt eine verkettete Liste von ganzen Zahlen vor. Jedes Listenelement besteht aus zwei Worten, wobei das erste Wort die Zahl, das zweite Wort die Adresse des nächsten Listenelements enthält. Das letzte Element der Liste enthält eine negative Adressenzahl. Man schreibe einen Programmabschnitt, womit die ganzen Zahlen numeriert ausgegeben werden. Zu Beginn des Programmabschnitts enthalte X2 die Adresse des ersten Elements.*
2. *Jedes Element einer verketteten Liste bestehe aus 3 Speicherworten. Das zweite Wort enthält das eigentliche Element, das dritte Wort die Adresse des nächsten Elements. Man schreibe einen Programmabschnitt, der das erste Wort eines jeden Listenelements mit der Adresse des vorhergehenden Ele-*

ments füllt. Die Endkennung sei, wie in Aufgabe 1, ein negativer Wert. Zu Beginn des Programmabschnitts enthalte X2 die Adresse des ersten Elements.

3. *Eine untere Dreiecksmatrix sei spaltenweise sequentiell gespeichert (vgl. Beispiel in 4.2.). Man gebe die Speicherabbildungsfunktion*
   $L(a[i,j]) = L(a[1,1]) + f(i) + g(j)$ *an.*

4. *Auf dem Eingabemedium stehen die Zahl m und anschließend m Zahlenreihen:*

   m

   $n1 \quad b_1^1 \; b_2^1 \ldots b_{n1}^1$

   $n2 \quad b_1^2 \; b_2^2 \ldots b_{n2}^2$

   $nm \quad b_1^m \; b_2^m \ldots b_{nm}^m$

   Aufgabe eines Programms soll es sein, die Werte b in den freien Speicher zu setzen und dabei ein Leitzellenschema zu bilden, nach welchem die b_j^i *abhängig vom oberen und unteren Index schnell aufgefunden werden können. Der freie Speicher beginne anschließend an die Rechenvorschrift.*

5. *Welche Befehlsfolge erzeugt ein Formelübersetzer nach dem in 4.4. dargestellten Algorithmus aus dem Ausdruck*
   a) e + 2 × b + 3 × c
   b) e + 2 × (b + c) + c
   (Die Konstanten 2 und 3 mögen als Variable (ZWEI), (DREI) vorliegen.)

6. *Man schreibe ein sich selbst aufrufendes Unterprogramm entsprechend der rekursiv erklärten Prozedur*
   integer procedure fak(n); **value** n; **integer** n;
   fak := **if** n = 0 **then** 1 **else** n × fak(n − 1);

7. *Mit Hilfe einer Stapelliste soll folgende Aufgabe programmiert werden: Es werden laufend steigend geordnete Teilfolgen von positiven ganzen Zahlen eingelesen. Diese Teilfolgen sind fallend geordnet laufend wieder auszugeben. Die Eingabedaten enden mit der Zahl 0.*

5. Probleme des Rechnerbetriebs

Wir wollen in diesem Kapitel versuchen, den Gesichtskreis des Lesers ein wenig über die unmittelbaren Aufgaben des Programmierens hinaus zu erweitern. Wir können in unserem Rahmen nur anhand von Beispielen das Verständnis für mögliche Leistungen und Fehlleistungen bei der Benutzung von Rechenautomaten wecken.

5.1. Prüfen von Programmen

Zu möglichen **Fehlleistungen beim Programmieren** machen wir drei Bemerkungen:

1. Insbesondere beim Programmieren auf der Ebene der Befehlssprache führt jedes falsche Symbol zu einem falschen Programm. Es ist daher ungewöhnliche Sorgfalt beim Programmieren erforderlich.
   Die Entwicklung von Methoden, Fehler zu erkennen und Fehler zu verhindern, ist noch weitgehend offen. Sprache und Bilder als Kommunikationsmittel zwischen Menschen sind redundant; fehlerhafte Mitteilungen müssen nicht unbedingt zum Verlust der gesamten Mitteilung führen, weil der Empfänger durch Verständnis des Zusammenhangs die richtige Mitteilung rekonstruieren kann. Von einem Rechenautomaten zu verarbeitende Informationen sind nur wenig redundant. Während Verständigungsschwierigkeiten zwischen Menschen durch Rückfragen in mehr oder weniger direktem Kontakt beseitigt werden können, ist diese Möglichkeit bei der Kommunikation zwischen Mensch und Rechenautomaten sehr aufwendig, weil die Verarbeitungsgeschwindigkeit des Automaten ungleich viel höher ist als die Geschwindigkeit derzeit bekannter Ein/Ausgabegeräte.
2. Die Tatsache, daß die meisten Programmierfehler keine unmittelbar sichtbaren materiellen Verluste nach sich ziehen, führt leicht zu einer Fehleinschätzung der Programmierarbeit hinsichtlich aufzuwendender Sorgfalt, anzuwendender Methoden und tatsächlicher Kosten (Arbeitszeit und Maschinenzeit).
3. Daß ein Programm die gewünschten Ergebnisse liefert, ist nur ein Kriterium zu seiner Beurteilung. Je höher der Arbeitsaufwand zur Erfüllung dieses einen Kriteriums ist, desto mehr besteht die Gefahr, andere Kriterien außer acht zu lassen:
   / Wird das Ziel mit einem Optimum an Zeit- und Speicheraufwand erreicht?
   / Ist das Programm für alle möglichen Fälle ausgetestet?
   / Ist der logische Inhalt klar herausgearbeitet – ist der Aufwand logisch notwendig?
   / Ist das Programm so dokumentiert, daß es von anderen Personen verstanden und angewandt werden kann?

/ Wie verhält sich das Programm gegenüber Änderungen – der Eingabedaten, der Ausgabe, der Struktur?
Das heißt: Können einzelne operationelle Einheiten leicht geändert oder ausgetauscht werden?
/ Kann das Programm leicht in andere Programme eingegliedert werden?
/ Wie steht es mit der Bedienung des Programms, d. h. ist die Durchführung (Start, Eingabe der Daten usw.) sachgerecht und klar?
/ Sind Unterbrechungsmöglichkeiten und Fortsetzungsmöglichkeiten bei einem umfangreichen Programm gegeben?
(Zum Beispiel sollten Programm und Speicherung der Daten so angelegt sein, daß bei einer auftretenden Maschinenstörung die Arbeit nicht von Beginn an wiederholt werden muß.)

Die in den Punkten 2 und 3 skizzierten Gesichtspunkte müssen einerseits durch gründliche Planung aufgrund theoretischer Ausbildung und andererseits durch praktische Erfahrung und Denkschulung berücksichtigt werden. Das liegt zum Teil außerhalb unserer Betrachtungen. Wir behandeln im folgenden die Methoden der Fehlersuche (engl. *debugging*), soweit sie nicht bereits in Teil I des Buches beschrieben sind.

Fehlerquellen liegen

/ im Ermitteln der Informationen, die zur Bearbeitung einer Aufgabe nötig sind (z. B. nicht alle Fälle sind beschrieben usw.);
/ in der Informationsübermittlung (z. B. falsch geschriebene oder vergessene Befehle; falsch abgelochte Eingabedaten usw.);
/ im Verfahren (z. B. falscher Algorithmus, unrichtige Zählung von Schleifendurchläufen usw.).

Fehlersuche

Vorweg ist zu sagen, daß man mit dem Auftreten von Fehlern rechnen muß. Selbst erfahrene Programmierer staunen immer wieder über die Trugschlüsse und Codierungsfehler, die ihnen unterlaufen. Für die Fehlersuche am wichtigsten ist derjenige Teil der Arbeit, der vor der eigentlichen Fehlersuche liegt. Ein planvoll in einzelne Bausteine (z. B. Unterprogramme) zergliedertes Programm läßt sich leichter prüfen. Möglichkeiten zur Fehlersuche werden in das Programm eingebaut, indem man sich schon beim Schreiben des Programms überlegt, welche Situationen später zu überprüfen sein werden. Der Programmierer muß sich einen sicheren Arbeitsstil angewöhnen; dazu sollte er seine eigenen Fehler *(„Fehlergewohnheiten")* beobachten. Trickreiches Programmieren *(„Einen Befehl kann man noch sparen!")* lohnt sich selten.

Dann erst setzt die planmäßige, wohlüberlegte Fehlersuche ein. Es gibt Testhilfen durch den RA – die eigentliche Testarbeit ist jedoch Kopfarbeit. So planmäßig, wie Fehler eingekreist werden, müssen sie auch verbessert werden: Es entstehen sehr leicht durch Korrekturen neue Fehler; man soll ein Programmstück besser neu schreiben, bevor man Gefahr läuft, sich in Korrekturen zu verstricken und den logischen Aufbau des Programms zu zerstören (denn dann war die Programmstruktur ungeeignet).

Wir zählen nun einige **Prüfmethoden** auf:

1. Es gibt eine Reihe von mehr gut gemeinten als praktikablen Ratschlägen wie: *Unabhängige Prüfung durch eine zweite Person, Zeichnen des Programmablaufplans anhand des Programms usw.* Die Bedeutung solcher Testmethoden liegt allenfalls darin, einen Programmierer aus einem immer wieder gemachten Trugschluß zu befreien. Die Befreiung gelingt dem Programmierer selbst oft schon dann, wenn er sein Programm einer anderen Person zu erläutern versucht.
2. Eine *formale Prüfung* geschieht beim Lesen eines Programms durch den Assembler. Die dabei erkannten Fehler sind recht harmlos, da die Syntax der Assemblersprache einfach ist.
3. Ein formal richtiges Programm wird mit kleinen *Testbeispielen* gerechnet. Kommt das Programm zu einem definierten Ende, dann kann man aus den Ergebnissen Schlüsse ziehen. Eventuell können Zwischenergebnisse ausgegeben werden, damit der fehlerhafte Programmteil eingekreist wird. Kommt ein Programm zu keinem definierten Abschluß (z. B. Sprung an eine Adresse außerhalb des Programmbereichs, Schleife ohne Ende, Zerstörung des Programms durch sich selbst), dann müssen Informationen über das Programm beschafft werden:
   / Über welche Adressen läuft ein Zyklus?
   / Welche Programmteile werden zerstört? (Durch ein erneutes vergleichendes Lesen des Programms mit dem Assembler werden zerstörte Programmteile entdeckt.)
4. Informationen über Programmteile und Variable verschafft man sich durch einen *Speicherabzug* (engl. *dump*), d. h. man läßt durch ein Serviceprogramm Speicherinhalte ausdrucken. Dies muß gezielt für ausgewählte Speicherbereiche geschehen, wenn man einen guten Überblick behalten will.
5. Sehr aufwendig ist eine *Programmverfolgung* (engl. *trace*). Man läßt dabei ein Programm schrittweise ausführen und kontrolliert die interessierenden Speicherinhalte. Wichtig dazu ist ein Plan, wie und wo man Fehler zu finden gedenkt. Die Programmverfolgung kann durch ein Serviceprogramm geschehen in folgender Weise:
   Das zu rechnende Programm befindet sich im Speicher. Es wird nicht selbst gestartet, sondern ein Serviceprogramm, das Protokollierprogramm, überwacht eine schrittweise Durchführung und protokolliert dabei vom Programmierer

spezifizierte Ereignisse (z. B. Wann wird ein Register negativ? z. B. Welcher Befehl bewirkt einen Sprung in einen gewissen Speicherbereich? usw.). Die Technik dieses Verfolgungsprogramms ist interpretativ (vgl. dazu 2.3.). Der Verfolger muß im Extremfall die Steuerung nach jedem Befehl des auszuführenden Programms wieder erhalten. Er kann aber auch über mehrere Befehle hinweg die Steuerung dem zu verfolgenden Programm überlassen, indem er vorübergehend Sprungbefehle in das zu verfolgende Programm einsetzt, welche ihm die Steuerung wiedergeben. Auch von der *hardware* des RA können dazu spezielle Hilfen gegeben sein. Wir können auf diese Probleme nicht weiter eingehen – das Erstellen eines Verfolgungsprogramms ist mit unseren bisherigen Kenntnissen ohne weiters möglich.

5.2. Eingriffe

Beispiel 2 in 1.5. zeigt, wie ein echter Dualbruch in einen Dezimalbruch umzuwandeln ist; diese Aufgabe tritt bei der Ausgabe eines Bruchs auf. Wir geben eine Befehlsfolge an, welche den positiven Dualbruch vom Wert $1/10 \leqslant bruch < 1$ als Dezimalbruch ausgibt.

BX / 1 : (BRUCH)	X1 := bruch;
→ *MX / (ZEHN)*	X0X1 := X1 × 10;
	X0 enthält Dezimalziffer, dual dargestellt
XX / 2 : 0	Einer Tabelle den Symbolwert für
BX / 0 : (TAB) M	die auszugebende Ziffer entnehmen
Ausgabebefehl	Ziffernsymbol ausgeben
Endabfrage	

Wir haben dabei angenommen, daß es einen Ausgabebefehl gibt, der die Ausgabe eines Symbols gemäß dem Symbolwert in X0, z. B. auf einem Lochstreifenstanzer, veranlaßt. Dieser Ausgabebefehl könnte in unserem Beispiel in kurzen Zeitabständen (z. B. 10^{-4} sec) ausgeführt werden, wenn der Streifenstanzer mit entsprechender Geschwindigkeit stanzen könnte. Tatsächlich aber gibt es keinen so schnellen Stanzer. Ein Ausgabebefehl kann vom Ausgabegerät immer erst dann akzeptiert werden, wenn der vorhergehende Ausgabevorgang beendet ist. Auf diese Weise bremst die Ausgabeleistung die Verarbeitung durch den Rechner! Ein analoges Beispiel könnten wir für die Eingabe konstruieren. Es genügt, die Ausgabe zu betrachten.

Generell müssen wir davon ausgehen, daß die Leistung mechanischer Ein-/Ausgabegeräte nicht ausreicht, den vom Rechner verarbeitbaren Fluß von Ein-/Ausgabedaten zu bewältigen. Was kann man tun, um die kostbare Zeit des Rechners nicht mit Warten auf Ein-/Ausgabe verbringen zu müssen?

Ein Programm erzeuge einen Strom von Ausgabesymbolen, den wir aufzeichnen, unbegrenzte Ausgabeleistung angenommen. Ferner zeichnen wir die Ausgabeleistung des Ausgabegerätes ein.

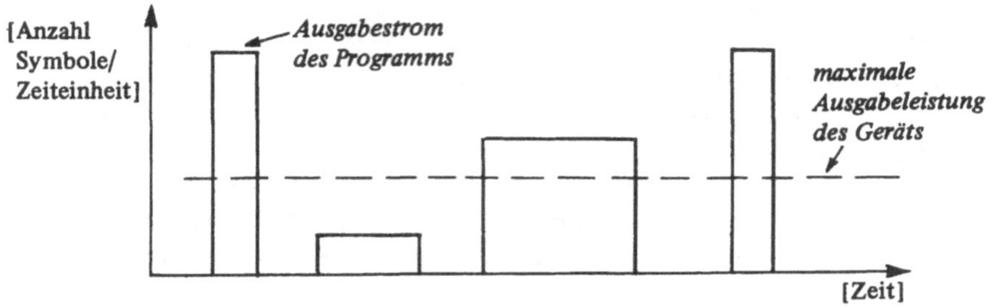

Wir erkennen an diesem speziellen Bild, daß die Ausgabeleistung des Geräts nur zeitweise nicht ausreicht, daß aber die gesamte auszugebende Menge von dem Gerät bewältigt werden könnte, wenn wir nur den Ausgabestrom des Programms gleichmäßig über die Zeit verteilen könnten. Das wollen wir durch einen sogenannten **Puffer** erreichen. Wir stellen eine Anzahl Plätze im Kernspeicher bereit und ersetzen den „Ausgabebefehl" durch ein Unterprogramm, welches die auszugebenden Symbole nacheinander in diesem Kernspeicherbereich ablegt. Aus diesem Kernspeicherbereich heraus sollen dann die Symbole an das Ausgabegerät gegeben werden. Durch ein Wasserbecken veranschaulicht erhalten wir folgendes Bild, wo bei konstanter „Ablußleistung" große „Zuflußleistungen" möglich sind, wenn ein genügend großer Puffer den Ausgleich besorgt.

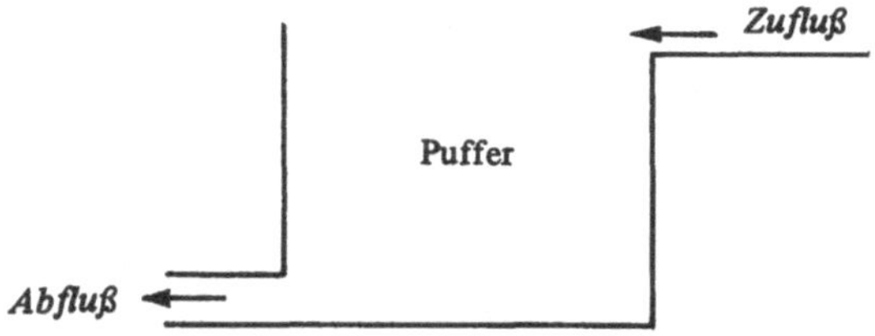

Der im Kernspeicher angelegte Puffer ist eine Liste, genauer eine Warteschlange *(queue list)*, die an einem Ende wächst, am anderen Ende abgebaut wird *(first in – first out)*. Den letzten Pufferplatz müssen wir uns an den ersten angeschlossen denken. Wir zeichnen zwei Zustände eines Puffers als Beispiele.

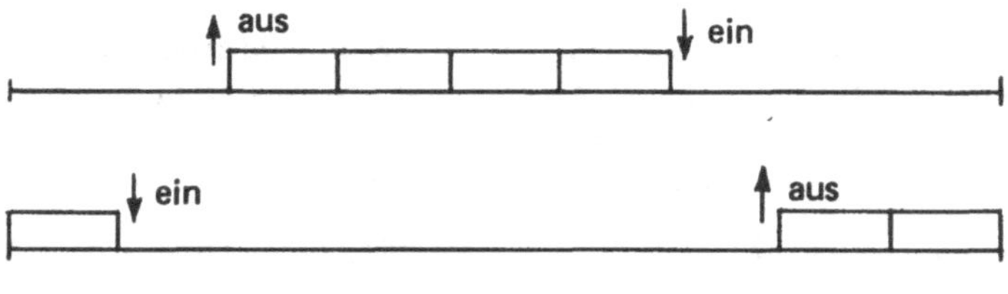

Zur Verwaltung des Puffers brauchen wir die Zeiger ein und aus, sowie die Anzahl der belegten und der freien Plätze.

Wie sollen wir uns den *Abfluß* vorstellen? Denken wir uns einen zweiten Rechner, der unabhängig von unserem Rechner arbeitet, ebenfalls zum Kernspeicher Zugriff hat, das Ausgabegerät bedient und langsamer (und billiger) arbeitet. Die Arbeit der beiden Rechner können wir durch zwei unabhängig und asynchron ablaufende Prozesse nach *E. W. Dijkstra* beschreiben.
(E. W. Dijkstra: Cooperating sequential processes. Technological University Eindhoven 1965.)

Für beide Prozesse (Programme) sind zwei Prozeduren erklärt:

```
procedure v(s); integer s; s := s + 1;
procedure p(s,u); integer s; label u; if s ≤ 0 then goto u else s := s - 1;
```

Beide Programme haben Zugriff zu dem Puffer, dessen Zustand durch die für beide Programme erklärten Variablen

frei	*(Anzahl freier Plätze im Puffer)*
belegt	*(Anzahl belegter Plätze im Puffer)*

beschrieben ist. Von der Verwaltung der Zeiger ein und aus sehen wir ab.

Die beiden unabhängig voneinander arbeitenden Prozesse *Zufluß* und *Abfluß* sind beschrieben durch

zufluß:	abfluß:
g: produziere ein symbol;	noch: p(belegt, noch);
warte: p(frei, warte);	hole symbol aus puffer;
lege symbol im puffer ab;	v(frei);
v(belegt);	symbol an ausgabegerät;
goto g;	**goto** noch;

Zufluß: Es soll ein Symbol im Puffer abgelegt werden. Dazu muß gefragt werden, ob ein Platz frei ist, andernfalls muß die Frage immer wieder gestellt werden, bis ein Platz frei ist. Das geschieht durch die Anweisung p(frei, warte), die frei um *1* erniedrigt, wenn möglich. Nun ist Platz für das abzulegende Symbol requiriert, welches anschließend abgelegt wird. Dann erst wird durch v(belegt) die Anzahl der belegten Plätze um *1* erhöht.

Abfluß: Das Programmstück ist ganz ähnlich zu beschreiben. p(belegt, noch) führt in einen Wartezyklus solange, bis mindestens ein belegter Platz vorgefunden wird usw.

Laufen Zufluß und Abfluß in der geschilderten Weise parallel, dann kann folgende Situation auftreten: Der Abfluß sei gerade dabei, frei := frei + 1 auszuführen, und zwar habe er gerade frei ausgelesen, um *1* zu addieren; gleichzeitig aber rechnet der Zufluß frei := frei - 1. Welchen Wert erhält nun die beiden Programmen gemeinsame Variable frei? Wir müssen einen Mechanismus zur Verfügung haben, welcher verhindert, daß beide Programme gleichzeitig die Prozeduren p und v ausführen. Hier muß die *hardware* Möglichkeiten bereitstellen, wodurch wir signalisieren können, ob der Eintritt in ein Programm erlaubt ist oder nicht, womit wir also erreichen können, daß der Eintritt in ein Programm definitiv nur einem Rechner erlaubt wird. Wir können in diesem Zusammenhang nicht weiter darauf eingehen.

Muß die Aufgabe *Abfluß* durch einen zweiten Rechner behandelt werden? Nein, denn ein Rechner kann sich abwechselnd mit dem *Zufluß* und dem *Abfluß* beschäftigen:

Der Rechner bearbeitet ein Programm, welches auszugebende Symbole erzeugt. Ein Ausgabegerät ist unabhängig vom Rechner mit der mechanischen Ausgabe beschäftigt; wenn es damit fertig ist, dann sendet es an den Rechner ein Signal, **Eingriffsignal** genannt (engl. *interrupt*). Das Eingriffsignal unterbricht das gerade rechnende Programm, und ein anderes, an definiertem Platz stehendes Programm, wird automatisch gestartet. Dieses Eingriffprogramm (d. h. das durch einen Eingriff gestartete Programm) besorgt den Abfluß eines Symbols und führt anschließend sofort zurück zu dem unterbrochenen Programm, welches fortgesetzt wird. Das Eingriffprogramm ist daher zweckmäßig ein Unterprogramm, dessen Ausführung aufgrund eines Eingriffsignals zwischengeschoben wird. Das Ausgabegerät ist nun mechanisch tätig und sendet wieder ein Eingriffsignal, sobald es diese Tätigkeit beendet hat usw. Ein Symbol, welches von dem Programm *Abfluß* an das Ausgabegerät gesandt wird, kann ohne Verzögerung entgegengenommen werden, da sich ja durch den Eingriff das Gerät als empfangsbereit gemeldet hatte. Stellt das Programm *Abfluß* fest, daß der Puffer leer ist, dann kann es kein Symbol ausgeben – es ist dann auch keine Reaktion von dem Gerät mehr zu erwarten. Ein erster Anstoß durch einen Ausgabebefehl muß daher durch das Programm *Zufluß* dann erfolgen, wenn es einen leeren Puffer und die Mitteilung vorfindet, daß kein Eingriff vom Gerät zu erwarten ist. Das eingreifende Programm muß die Registerinhalte, die es antrifft, retten, um sie wieder einzusetzen, bevor es zum unterbrochenen Programm führt. Genauso wie in dem Fall zweier Rechner muß es auch hier besondere Signalisierungsmöglichkeiten geben, mit Hilfe derer verhindert werden kann, daß der Rechner gerade dann in ein Eingriffprogramm gelenkt wird, wenn er mit der Pufferung eines Symbols und der Verwaltung des Puffers beschäftigt ist.

Prozeßrechner sind besonders dafür eingerichtet, Eingriffe entgegenzunehmen, Meßwerte aufzunehmen und entsprechende Informationen auch auszusenden. Können mehrere Geräte Eingriffe verursachen, dann muß u. U. verhindert werden, daß ein Eingriff ein Programm unterbricht, das durch einen wichtigeren Eingriff ausgelöst wurde usw. Mit den Eingriffen hat der Leser einen kleinen Einblick in Steuerungsprobleme für Prozeßrechner erhalten.

Tatsächlich sind die Ausgabebefehle *PX* usw. in URA Unterprogrammaufrufe, welche die auszugebenden Symbole in einem Puffer ablegen; Eingriffprogramme, die Bestandteile des Assemblers sind, sorgen ohne Zutun des Programmierers für den Abfluß an die Ausgabegeräte. Die Tätigkeit der Eingriffprogramme braucht der Benutzer nur insofern zu berücksichtigen, als in einem Programm *STA* der dynamisch erste, *STP* der dynamisch letzte Befehl sein muß. *STA* setzt die Pufferverwaltung in einen Anfangszustand. *STP* sorgt dafür, daß der Rechner erst dann stoppt, wenn der Puffer leer ist. Der Befehl *OH*, der eigentliche Stoppbefehl in URA, würde den Rechner unbedingt anhalten und damit verhindern, daß ein Eingriffprogramm einen eventuellen Rest auszugebender Symbole aus dem Puffer holen kann.

5.3. Blocktransfer durch einen Kanal

Die im letzten Abschnitt geschilderte Pufferung kann organisatorisch vereinfacht werden. Wir stellen zwei Pufferbereiche zur Verfügung.

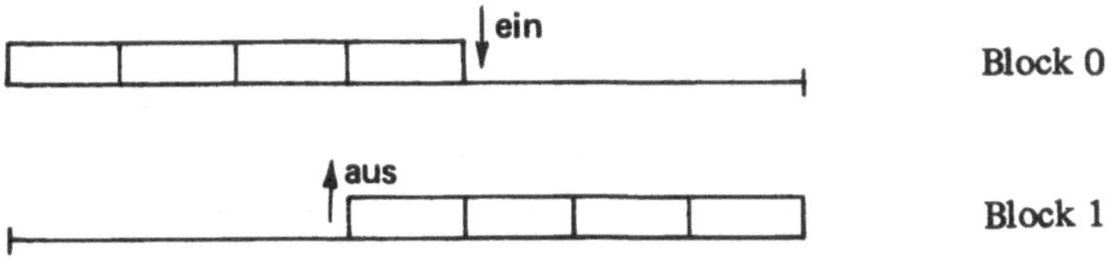

Jeweils der eine Puffer steht für den *Zufluß*, der andere für den *Abfluß* zur Verfügung, und das geschieht wechselweise. Die Verwaltung der Pufferung ist nun sehr einfach. Für den Abfluß z. B. braucht man die beiden Angaben:

Adresse des ersten auszugebenden Symbols und
Anzahl der Symbole.

Für jedes ausgegebene Symbol wird die *Adresse* um *1* fortgeschaltet und die *Anzahl* um *1* reduziert. Der Puffer ist leer, wenn die Anzahl *0* geworden ist. Den Vorgang, einen derart definierten Puffer zu leeren, nennen wir einen **Blocktransfer**. Die logische Aufgabe des Blocktransfers ist so einfach, daß man dafür in der *hardware* eine eigene Funktionseinheit, den **Kanal**, vorsieht. Wir dürfen uns den Kanal vorstellen als einen kleinen Rechner. Den eigentlichen Rechner nennen wir jetzt Zentralrechner. Der Kanal arbeitet unabhängig vom Zentralrechner, nachdem er seine Aufgabe, einen Blocktransfer, vom Zentralrechner erhalten hat. Der Kanal muß dann ein Ausgabegerät mit auszugebenden Symbolen versorgen. Der Kanal kann durch besondere Befehle und Register angesprochen werden. Insbesondere gibt es ein Register, welches anzeigt, ob ein Kanal tätig ist oder nicht.

Die Ausgabe (Transfer) mit Hilfe eines Kanals und zwei Pufferbereichen ist ähnlich dem Beispiel in 5.4.1., Teil I. Wir skizzieren noch einmal das Prinzip. Analoges gilt für die Eingabe (Doppelpuffertechnik).

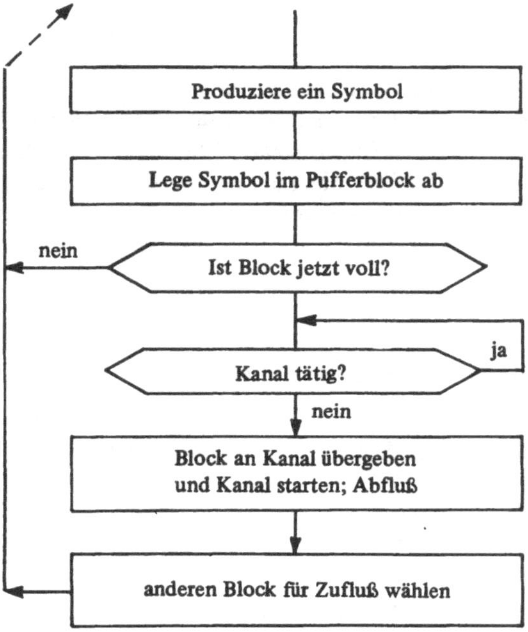

Betrachten wir in diesem Programmablaufplan die Situation, wo die Abfrage „Kanal tätig" die Antwort „ja" ergibt. Die Abfrage wird wiederholt solange gemacht, bis der unabhängig tätige Kanal seine Arbeit beendet hat; der Zentralrechner befindet sich in einer unproduktiven Warteschleife. Wie kann eine solche Situation vermieden werden? Sicherlich dadurch, daß die Pufferbereiche größer gewählt werden. Bei laufend sehr starkem Zufluß in den Puffer muß man im Extremfall den Puffer so groß wählen, daß er fast die gesamte Ausgabe des Programms umfaßt! Wir gehen im nächsten Abschnitt weiter darauf ein.

Bei größeren Rechenanlagen nimmt der Kernspeicher als Arbeitsspeicher eine zentrale Stellung ein. Er enthält Pufferbereiche für die Ein-/Ausgabe und Pufferbereiche für den Transfer mit Sekundärspeichern, er enthält das unmittelbar zu verarbeitende Programm nebst Daten, eventuell mehrere Programme zur abwechselnden Verarbeitung durch den zentralen Rechner. Wir können uns vorstellen, daß mehrere Rechner an den Kernspeicher angeschlossen sind *(multiprocessor)*, wobei allerdings die sinnvolle Verteilung der Aufgaben an beide Rechner ein schwieriges Problem ist.

Moderne Anlagenkonfigurationen weichen stark von dem einfachen Modell des Universal-Rechenautomaten am Abschnitt 1.1. ab.

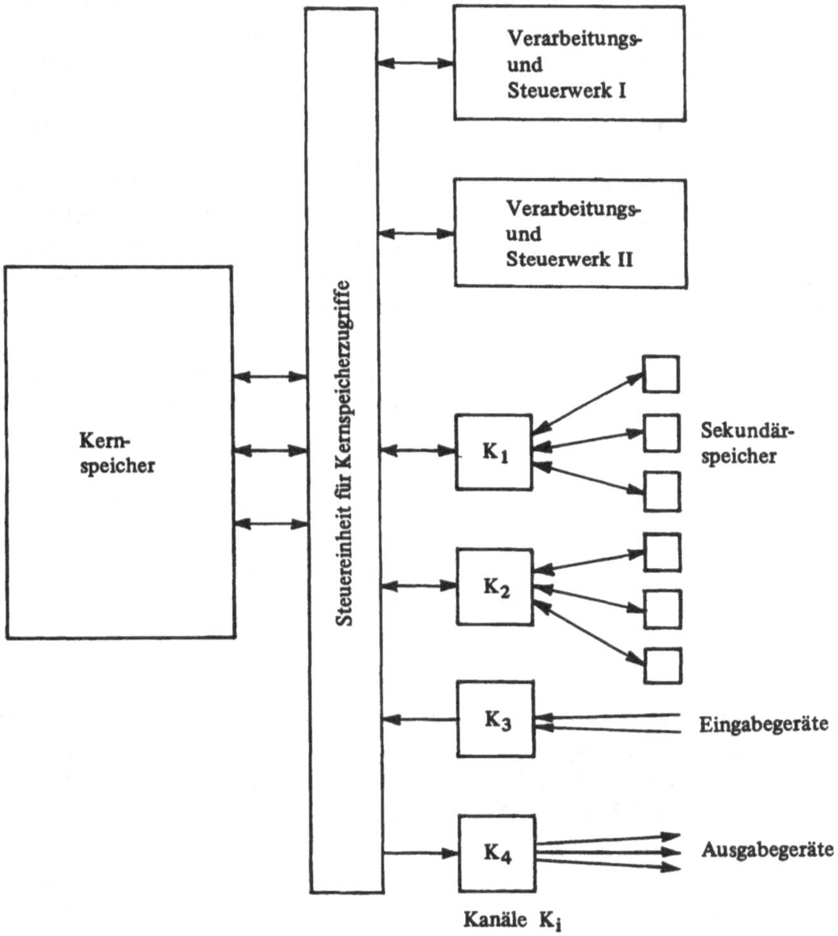

5.4. Betriebssysteme

Gehen wir davon aus, daß ein Rechner jeweils ein Programm bearbeitet. Wir haben in 5.2. und 5.3. das Problem diskutiert, wie die Symbole für die Ein-/Ausgabe dieses Programms gepuffert werden können.

Ein ähnliches Problem wie für die Symbole tritt auf für die Aufgaben, die von einem Rechner bearbeitet werden sollen. Wenn der Rechner ein Programm beendet hat, dann muß der Bediener das nächste Programm eingeben und starten, währenddessen der Rechner vielleicht eine Minute stillsteht. In der Sekunde führt ein schneller Rechner aber 10^5 Operationen und mehr aus! Der mögliche Durchsatz an Aufgaben würde so wegen der unzureichenden Nachschubleistung seitens des Bedieners und der geringen Leistung der Ein-/Ausgabe-Geräte nicht erreicht werden. Wir können aber den Nachschub an Aufgaben auf einem Sekundärspeicher puffern. Mit einem unabhängigen zweiten Rechner werden die Aufgaben z. B. auf ein Magnetband geschrieben. Dieses Band enthält die aus Aufgaben (Programmen und Eingabedaten) bestehenden Eingabeinformationen für ein Programm, welches anstelle des menschlichen Bedieners die Aufgaben nacheinander zur Bearbeitung ohne wesentliche Wartezeiten in den Kernspeicher bringt. Sobald eine Aufgabe beendet ist, nimmt dieses Organisationsprogramm (**Monitor** genannt) seine Tätigkeit auf, holt das nächste Programm in den Kernspeicher und startet es.

Braucht man einen zweiten Rechner, um einen Sekundärspeicher mit Aufgaben zu laden? Im Monitorbetrieb ist der Rechner wie folgt beschäftigt:

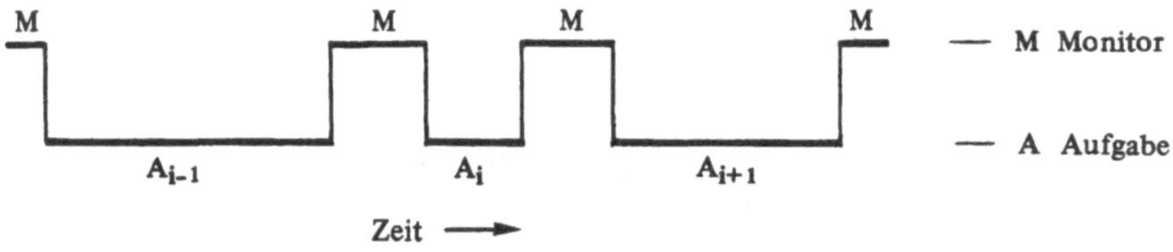

Nun ist das Laden eines Sekundärspeichers mit neuen Aufgaben selbst eine recht einfache Aufgabe, die hauptsächlich aus Transfer vermittels Kanälen besteht. Wir können das Laden neuer Aufgaben dem Monitor aufgeben, wobei diese Tätigkeit sich kurzzeitig in die Bearbeitung der Aufgaben einschiebt.

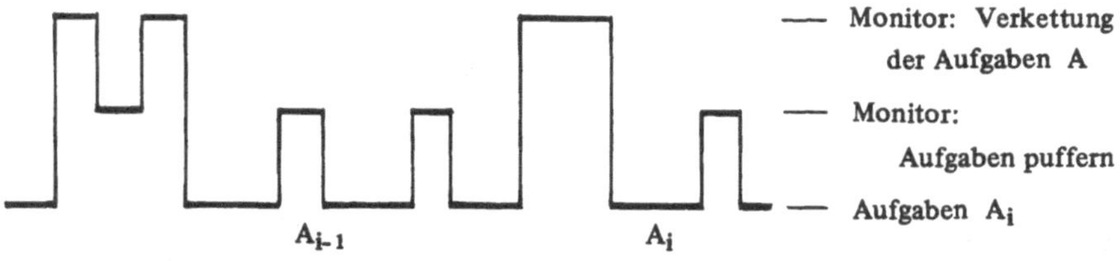

Auf diese Weise wird die gesamte Rechenanlage besser ausgelastet, ein Eingabekanal hat laufend zu tun.

Monitor und Aufgabe A müssen sich nicht gleichzeitig im Arbeitsspeicher befinden, sondern können in einem Sekundärspeicher liegen und bei Bedarf in den Arbeitsspeicher gebracht werden. Häufig benötigte Programmteile sollten jedoch dauernd im Arbeitsspeicher liegen, z. B. der Programmteil *„Monitor: Aufgaben puffern"*. Was nun, wenn ein fehlerhaftes Programm (aus einer Aufgabe) den Monitor zerstört? Programme müssen gegenseitig vor unzulässigen Übergriffen geschützt werden; dazu muß es besondere Möglichkeiten in der *hardware* geben. Der Benutzer kann und braucht dann absolute Adressen nicht mehr ansprechen. Die Speicherbelegung ist weitgehend dem Monitor zu überlassen.

Was wir für die Pufferung der Aufgaben beschrieben haben, gilt ähnlich für die Ausgabeinformationen, die von den Aufgaben produziert werden. Sie können sofort auf Ausgabegeräte geleitet werden (man sagt die Ausgabe sei *on-line*) oder auf Sekundärspeichern für eine von der Produktion unabhängige Ausgabe *(off-line)* durch den Monitor gepuffert werden.

Einem Organisationsprogramm, das wir zunächst Monitor genannt haben, können noch weitere Aufgaben der Steuerung und Überwachung des Rechners gestellt werden. Wir sprechen dann allgemeiner von einem **Betriebssystem** und stellen uns vor, daß stets mehrere Aufgaben (engl. *jobs*) zur Bearbeitung anstehen oder gerade abwechselnd bearbeitet werden, und daß viele Informationen in den Speichern der Anlage verwaltet werden müssen.

/ Das Betriebssystem übernimmt die Durchführung der ihm gemeldeten und beschriebenen Aufgaben. Es kann dabei Vorrangigkeiten, z. B. für Terminarbeiten, berücksichtigen.

/ Das Betriebssystem sorgt (durch einen Planungsalgorithmus, engl. *scheduling*) für eine möglichst gute Auslastung der Rechenanlage durch entsprechende Verteilung der Betriebsmittel (Zeit, Speicher, Kanäle, Ein-/Ausgabegeräte) an die Aufgaben.

/ Das Betriebssystem verwaltet die Belegung der Sekundärspeicher. Dies gilt nicht nur während der unmittelbaren Abwicklung der Aufgaben, sondern auch für Informationen (z. B. Programmbibliotheken, fortzuschreibende Daten u. ä.), die über längere Zeit von dem System aufbewahrt werden sollen.

Je weitergehend der Einsatz eines Betriebssystems ist, desto mehr Zeit und Speicher werden allein für das Betriebssystem benötigt.

Anhang

A Lösungen der Aufgaben

Zu 1.5.

1. Zahlenbereich $-(2^{52}-1)\ldots+(2^{52}-1)$
   $2^{52}-1\ (=4\ 503\ 599\ 627\ 370\ 495)$

2^{26}	00 01	0 0
-2^{30}	11 1101111	1 1
-2^{25}	11 1	101 1
$2^{27}-1$	0 01	011 1
-3	1 11	11 100
-0	1 1	1 1

2. a) Bereich des Exponenten xe
   $-2^{+9} \leqslant xe < 2^9,\quad 2\uparrow(2\uparrow 9) \approx 10^{154}$
   Wert der letzten Mantissenstelle: $2^{-16} \approx 10^{-4.8}$
   Relative Genauigkeit: $1/2 \times 2^{-16} \approx 10^{-5.1} \approx 0.8 \times 10^{-5}$

   b) Zur Darstellung des dezimalen Exponenten 2 werden 3 Binärstellen gebraucht, da $2\uparrow(2\uparrow 3)=256>10^2$, aber $2\uparrow(2\uparrow 2)=16<10^2$. Dazu kommt eine Binärstelle für das Vorzeichen des Exponenten. Somit verbleiben 23 bit für Mantisse einschließlich Vorzeichen. Der Wert der letzten Mantissenstelle ist $2^{-22} \approx 10^{-6.6}$, relative Genauigkeit
   $2^{-23} \approx 10^{-6.9} \approx 1.2 \times 10^{-7}$.

3. a) [100101] $\div 8 =$ [000100] Rest [101] $\leftrightarrow 5_8$

   [000100] $\div 8 =$ [000000] Rest [100] $\leftrightarrow 4_8$

   Ergebnis $(45)_8$.
   Da eine Dualzahl zur Basis 2 dargestellt ist, die neue Basis aber $8 = 2^3$ ist, kann das Ergebnis direkt aus der Dualzahl abgelesen werden, indem je drei Dualstellen in eine Oktalstelle verwandelt werden:

$$\ldots + \underbrace{d_5 \times 2^5 + d_4 \times 2^4 + d_3 \times 2^3}_{} + \underbrace{d_2 \times 2^2 + d_1 \times 2^1 + d_0 \times 2^0}_{}$$

$$= \quad k_1 \times 8^1 \quad + \quad k_0 \times 8^0$$

b)

000 000 000 100	$z := 4_8$
000 000 100 111	$z := z \times 8 + 7_8$
000 100 111 000	$z := z \times 8 + 0_8$
100 111 000 001	$z := z \times 8 + 1_8$

4. a)

	Mantisse	Exponent
$1 = 1/2 \times 2^1$	**01000 . . . . . . 0**	**10 . . . . . . 001**
$2 = 1/2 \times 2^2$	**01000 . . . . . . 0**	**10 . . . . . . 010**
$3 = 3/4 \times 2^2$	**01100 . . . . . . 0**	**10 . . . . . . 010**
$4 = 1/2 \times 2^3$	**01000 . . . . . . 0**	**10 . . . . . . 011**
$5 = 5/8 \times 2^3$	**01010 . . . . . . 0**	**10 . . . . . . 011**

b) Man lese die Mantisse als ganze Zahl u (ohne Abbrechfehler) und erhält so Zahlen $z = u/2^{40} \times 2^v$. Wegen der Normierungsvorschrift muß $2^{39} \leqslant u < 2^{40}$ und $2^{v-1} \leqslant z < 2^v$ gelten. Die Bedingung $u = z \times 2^{40}/2^v \leqslant 2^{40} - 1$ ist sicher für alle ganzen z mit $1 < z \leqslant 2^{40} - 1$ erfüllbar, für größere z nur in den Fällen, wo z durch eine gewisse Zweierpotenz teilbar ist. Innerhalb des Zahlenbereiches ist das größte z, welches letztere Bedingung erfüllt, $z = (2^{40} - 1)/2^{40} \times 2^{2047} = 2^{2047} - 2^{2007}$.

Zu 2.7.

1. a)

```
5000 | BX / 0 : 2001
5001 | KXP / 0
5002 | OLT / 5004
5003 | NXX / 0 : 0
5004 | BS / 2004 : 0
5005 | BX / 0 : 2002
5006 | KXP / 0
5007 | OLT / 5010
5008 | NXX / 0 : 0
5010 | AS / 2004 : 0
```

b)

```
BRGP / 4000
MRGP / 4000
BSGP / 4030
ARGP / 4020
BSGP / 4010
BRGP / 4030
SRGP / 4020
DRGP / 4010
BSGP / 4010
```
⟨4020⟩ = *1.0*
⟨4030⟩ *Hilfsvariable*

c)

```
5000 | BX / 1 : 2000
5001 | KXP / 1
5002 | OLT / 5005
5003 | NXL / 0 : 0
5004 | OL / 5006
5005 | BXL / 0 : 0
5006 | DX / 2001
5007 | AXL / 1 : 1
5008 | BS / 2007 : 1
```

d)

```
BX / 0 : 2001
RX
BSGP / 4010
BX / 0 : 2000
RX
DRGP / 4010
ARGP / 4020
BSGP / 4010
```
⟨4020⟩ = *1.0*

2.
```
5000,1    BRGP / 4006
5002      KRP
5003      OLF / 5008
5004,5  ┌► SRGP / 4022
5006    │  KRP
5007    └─ OLT / 5004
5008,9  ┌► ARGP / 4022
5010    │  KRP
5011    └─ OLF / 5008
5012,13    BSGP / 4006
```

3. a)
```
5000    BX / 0 : 2000
5001    AX / 0 : 2001
5002    IUL / 0 : 2
5003    IRL / 0 : 1
5004    KXZ / 0
5005    OLF / 5007
5006    BX / 0 : 2002
5007    BS / 4006 : 0
```

b)
```
5000    BX / 0 : 2000
5001    AX / 0 : 2001
5002    KXZ / 0
5003    OLT / 5005
5004    BX / 0 : 2002
5005    BS / 4006 : 0
```

4. a)
```
        IRL / 0 : 1
        KXP / 0
     ┌─ OLT / . . .
     │  BXL / 0 : 1
   ┌─┼─ OL / . . .
   │ └► BXL / 0 : 0
   └──► . . . . . .
```

4. b)
```
        IRL / 0 : 11
        KXP / 0
     ┌─ OLT / . . .
     │  BXL / 0 : 1024
   ┌─┼─ OL / . . .
   │ └► BXL / 0 : 0
   └──► . . . . . .
```

4. c) Die beiden Operanden werden stellenweise verglichen. Der eine Operand steht in X1, der andere in X0 bzw. 2000. In der Hilfsvariablen ⟨2050⟩ wird das Ergebnis stellenweise gebildet. Eine zu untersuchende Stelle wird durch Schieben an die Vorzeichenstelle gebracht.

```
     BXL / 2 : 27       ⎫  Zähler: ⟨3⟩ := 27
     BS / 3 : 2         ⎭
     XX / 1 : 0
     BXL / 0 : 0        ⎫  Ergebnis auf Null setzen:
 ┌─► BS / 2050 : 0      ⎭
 │   IRL / 1 : 1        }  ersten Operanden verschieben
 │   BX / 0 : 2000      ⎫
 │   IRL / 0 : 1        ⎬  zweiten Operanden verschieben
 │   BS / 2000 : 0      ⎭
 │   KXP / 0
 │   BX / 0 : 2050      ⎫  Ergebnis verschieben
 │   IRL / 0 : 1        ⎭
 │ ┌─OLT / . . .        ⎫
 │ │ KXP / 1            ⎪
 │ ├─OLT / . . .        ⎬  neue Ergebnisstelle bilden
 │ │ AXL / 0 : 1        ⎭
 └─┴►OZ / . . . : 3        X0 enthält das Ergebnis,
                           ⟨2000⟩ nach 27 Rundschiebungen wieder
                           seinen ursprünglichen Wert.
```

5.

```
5000 |     BS / 3 : 1
5001 |     BXL / 2 : 7000
5002 |     XX / 1 : 0
5003 |     SX / 1 : 0M
5004 |     KXZ / 1
5005 |  ┌─ OLT / 5009
5006 |  │  AXL / 2 : 1
5007 |  │  OZ / 5002 : 3
5008 |  │  BXL / 2 : 0
5009 |  └► . . .
```

6.

```
5000 | BXL / 2 : 0      ⎫ ⟨2000⟩ := 0;
5001 | BS / 2000 : 2    ⎭
5002 | OLU / 5003         U := 0;
5003 | KXZ / 0          ⎫ falls X0 = 0, fertig, →
5004 | OLT / 5017       ⎭
5005 | IRL / 1 : 1      ⎫ nächste Stelle
5006 | KXP / 1          ⎪ = 0?
5007 | OLT / 5011       ⎭ ja, →
5008 | AS / 2000 : 0      ⟨2000⟩ := ⟨2000⟩ + X0
5009 | OLU / 8000         bei Überlauf, →
```

5010	*IU / 1 : 2040*	Vorzeichenstelle von X1 löschen
5011	*KXZ / 1*	falls X1 = 0, fertig, →
5012	*OLT / 5017*	
5013	*ILL / 0 : 1*	Stellenversetzung von X0
5014	*KXP / 0*	Kapazitätsüberschreitung, falls X0 < 0
5015	*OLF / 8000*	
5016	*OL / 5005*	
5017	. . .	

⟨2040⟩ = | 0111 . . . . 1 |

Zu 3.7.

1. *[ST A]*

0	*BS / 3 : 0*	Zähler ⟨3⟩ := X0;
1	*BS / A19 : 1*	⟨A19⟩ := X1; (Adresse von s[0])
2	*BS / 40 : 2*	MG := X2;
3,4	*BRGP / 0 G*	
5,6	*BSGP / A20*	⟨A20⟩ := t;
7	*BX / 2 : A19*	
8	*BS / 40 : 2*	MG := ⟨A19⟩; (Adresse von s[0])
9,10	*BRGP / 0 G*	R := s[0];
11,12	*MRGP / A20*	R := R × t + s[i];
13,14	*ARGP / 2 G*	
15,16	*AMGL / 2*	MG := MG + 2;
17	*OZ / A11 : 3*	Zählsprung
18	*O / 11*	Rücksprung
19	*= 0*	Adresse von s[0]
20	*= 0*	Wert t
21	*= 0*	

2.

	[DB]	
	[ST 5120]	
	[IB]	
	STA	
	LFX	
	BS / (N) : 0	
	BS / 3 : 0	Zähler für Eingabe
	BXL / 2 : (A)	
(LES)	*LFX*	n ganze Zahlen lesen
	BS / 0 : 0 M	
	AXL / 2 : 1	
	OZ / (LES) : 3	

```
        BX / 0 : (N)         Zähler ⟨4⟩ := n - 1;
        SXL / 0 : 1          (l – Laufanweisung)
        BS / 4 : 0
(L)     BXL / 0 : 0          z := true;
        BS / (Z) : 0
        BX / 0 : 4           Zähler ⟨3⟩ := l,
        BS / 3 : 0           (i – Laufanweisung)
        BXL / 2 : (A)
(I)     BX / 0 : 1 M
        XX / 1 : 0           a[i + 1] - a[i] > 0
        SX / 0 : 0 M
        KXP / 0
        OLF / (ENDI)
        BX / 0 : 0 M
        BS / 1 : 0 M         Vertauschen von a[i] und a[i + 1]
        BS / 0 : 1 M
        BXL / 0 : 1          z := false;
        BS / (Z) : 0
(ENDI)  AXL / 2 : 1
        OZ / (I) : 3         Zählsprung für i-Laufanweisung
        BX / 0 : (Z)
        KXZ / 0              if z then goto aus;
        OLT / (AUS)
        OZ / (L) : 4         Zählsprung für l-Laufanweisung
(AUS)   BX / 0 : (N)         Ausgabe
        BS / 3 : 0
        BXL / 2 : (A)
        BXL / 0 : 4
        BS / 4 : 0
(ZEIL)  BX / 0 : 0 M
        PX
        AXL / 2 : 1
        OZ / (EL) : 3
        STP
(EL)    OZ / (ZEIL) : 4
        PZ
        OL / (ZEIL) - 2

        (N) = 0
        (Z) = 0
        (A) = 0

        [SH]
```

3. Das jeweils betrachtete Intervall wird durch die Zeigervariablen z1 und z2 beschrieben. Es wird nicht vorausgesetzt, daß $a[1] \geqslant b \geqslant a[n]$. Die angegebene Lösung weicht daher von einer Intervallschachtelung ab, wenn $b > a[1]$ oder $b < a[n]$. Stets gilt jedoch $\langle z1 \rangle \geqslant b$.

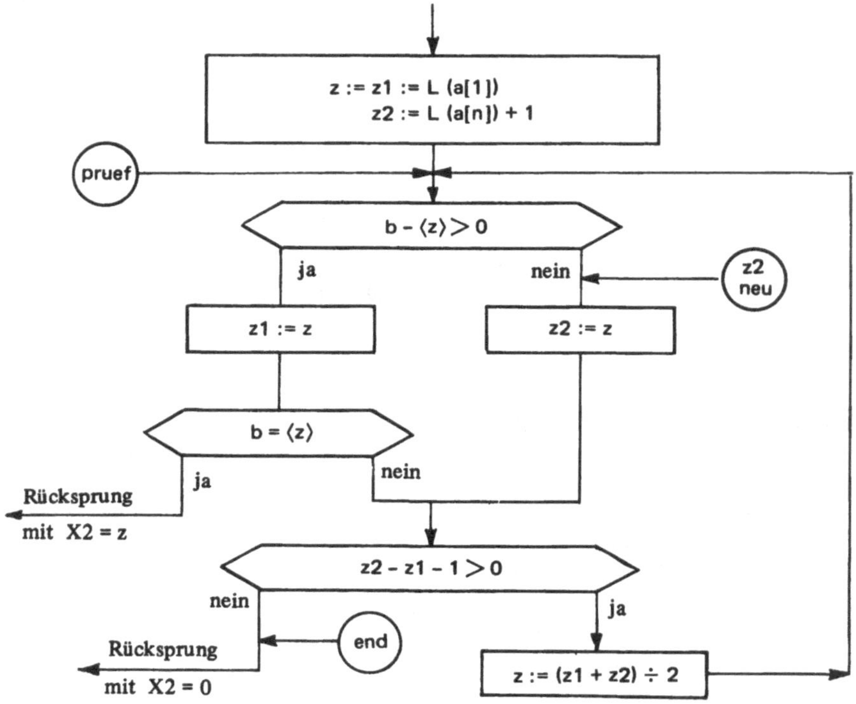

Zum Programm: X2 ist der Zeiger z, X1 enthält stets b.

	(SUCH)	
	BS / (Z1) : 2	Zeiger z1: Adresse des ersten Elem.
	AX / 0 : (Z1)	
	BS / (Z2) : 0	Zeiger z2: z2 := L (a[n]) + 1
(PRUEF)	*XX / 0 : 1*	X1 enthält stets den Wert b
	SX / 0 : 0 M	
	KXP / 0	b - ⟨z⟩ > 0
	OLT / (Z2NEU)	ja, →
	BS / (Z1) : 2	z1 := z;
	KXZ / 0	b = ⟨z⟩
	OLF / (INT)	nein, →
	O / 11	ja, Rücksprung, Element gefunden

(Z2NEU)	*BS / (Z2) : 2*	z2 := z
(INT)	*BX / 0 : (Z2)*	
	SX / 0 : (Z1)	
	SXL / 0 : 1	z2 - z1 - 1 > 0
	KXP / 0	
	OLF / (END)	nein, →
	BX / 0 : (Z1)	
	AX / 0 : (Z2)	
	IRL / 0 : 1	z := (z1 + z2) ÷ 2;
	IU / 0 : (KONST)	
	XX / 2 : 0	
	OL / (PRUEF)	→
(END)	*BXL / 2 : 0*	X2 := 0;
	O / 11	Rücksprung, Element nicht gefunden
	(KONST) = 377777777	Konstante, binär [011 . . . . . . 1]
	(Z1) = 0	Zeiger
	(Z2) = 0	

4. [*DB*], [*IB*]
[*DA D 4000*]
[*DA A D*]

[*ST A*] *UP11*

[*DA E D84*]
[*DA A E*]

[*ST A*] *UP12*

[*DA (UP2) E97*]
[*DA A (UP2)*]

[*ST A*] *UP2*

[*DA (UP1) (UP2) 36*]
[*DA A (UP1)*]

[*ST A*] *UP1*

[*DA (P) (UP1)62*]

P *OUP/(UP1):12* *OUP/(UP2):11*

[*SH*]

5.

```
        [DB]
        [ST 5120]
        [IB]
        STA
        LFX
        BS / (N) : 0          n einlesen
        PZ
        PX                    n drucken
        SXL / 0 : 3
        KXP / 0               →, falls n ≤ 3
        OLF / (L3)
        BX / 0 : (N)
        IUL / 0 : 1
        KXZ / 0               →, falls n teilbar durch 2
        BXL / 0 : 2
        OLT / (END)
        BXL / 0 : 3
        BS / (T) : 0          t := 3;
        BX / 0 : (N)
        RX
        SQ                    sq := sqrt(n);
        XR
        BS / (SQ) : 0
(L5)    BX / 1 : (T)
        SX / 1 : (SQ)         →, falls t > sq
        KXP / 1
        OLT / (L 3)
        BX / 1 : (N)
        BXL / 0 : 0
        DX / (T)              →, falls n teilbar durch t
        KXZ / 0
        OLT / (L4)
        BXL / 0 : 2
        AS / (T) : 0          t := t + 2;
        OL / (L5)             →
(L3)    BXL / 0 : 1
        OL / (END)
(L4)    BX / 0 : (T)
(END)   PX
        STP
```

(N) = 0
(T) = 0
(SQ) = 0
[SH]

6.

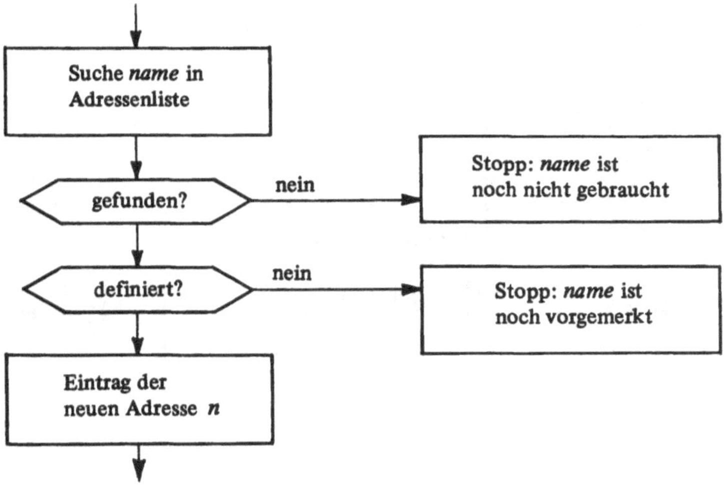

Zu 4.5.

1.

	BXL / 1 : 0	X1 := 0; *Nummer des Elements*
(W)	*AXL / 1 : 1*	X1 := X1 + 1;
	XX / 0 : 1	Drucke Nummer
	PZ	
	PX	
	BX / 0 : 0 M	Drucke Element
	PX	
	BX / 2 : 1 M	X2 := *„Adresse des nächsten Elements"*;
	KXP / 2	noch ein Element?
	OLT / (W)	ja, →
	. . .	fertig

2.

```
        NXL / 0 : 1           | Endkennung
(W)     BS / 0 : 0 M          | erstes Wort belegen
        XX / 0 : 2            | Adresse des letzten Elements
        BX / 2 : 2 M          | X2 := „Adresse des nächsten Elements"
        KXP / 2               | noch ein Element?
        OLT / (W)             | ja, →
        . . .                 | fertig
```

3. L(a[i,j]) = L(a[1,1]) + 1/2 × j × (2n+1-j) - (n-i+1)

4.

```
         [DB]
         [ST 5120]
         [/B]
         STA
         LFX                 ⎤ Zähler ⟨3⟩ := m;                ⎤
         BS / 3 : 0          ⎦                                  ⎥
         BXL / 1 : (B)       ⎤ Leitzelle b                      ⎥
         BS / (B) : 1        ⎦                                  ⎥ Vorbereitungen
         BS / (ZL) : 1         Zeiger zl := L(b);               ⎥
         AX / 1 : 3          ⎤ Zeiger zb := L(b) + m;           ⎥
         BS / (ZB) : 1       ⎦                                  ⎦
(ZEILE)  BX / 2 : (ZL)       ⎤
         AXL / 2 : 1         ⎥ zl := zl + 1;
         BS / (ZL) : 2       ⎦
         LFX                 ⎤ Zähler ⟨4⟩ := ni;
         BS / 4 : 0          ⎦
         BX / 0 : (ZB)       ⎤
         BS / 0 : 0 M        ⎥ ⟨zl⟩ := zb; Leitzelle für Zeile
         BX / 2 : (ZB)       ⎦
(BE)     AXL / 2 : 1         ⎤
         LFX                 ⎥ Lesen und Speichern von b-Werten gemäß
         BS / 0 : 0 M        ⎥ Zähler ⟨4⟩; Zeile von b-Elementen
         OZ / (BE) : 4       ⎦
         BS /·(ZB) : 2         zb fortschalten
         OZ / (ZEILE) : 3      noch eine Zeile?
         STP                   Stopp
         (ZL) = 0              Zeiger für die Leitzellen
         (ZB) = 0              Zeiger für die b-Elemente
         (B)
         [SH]
```

5. a) (e + (zwei × b) + (drei × c));

   v1 := zwei × b;
   v2 := drei × c;
   v3 := e + v1 + v2;

   b) (e + (zwei × (b + c)) + c);

   v1 := b + c;
   v2 := zwei × v1;
   v3 := e + v2 + c;

   In beiden Fällen werden gleich viele Befehle erzeugt.

6.

	(FAK)	
	BX / 0 : 11	Rücksprungadresse retten
	BS / 1 : 0 M	
	BX / 1 : 0 M	
	KXZ / 1	→, falls n = 0
	OLT / (NULL)	
	SXL / 1 : 1	für neuen Aufruf
	AXL / 2 : 2	Arbeitsspeicherbeginn fortschalten
	BS / 0 : 1 M	
	OUP / (FAK) : 11	
	BX / 1 : 0 M	X1 := fak(n - 1);
	SXL / 2 : 2	Arbeitsspeicherbeginn zurückschalten
	MX / 0 M	×n
	BS / 0 : 1 M	Ergebnis abliefern
	O / 1 M	Rücksprung
(NULL)	*BXL / 1 : 1*	Ergebnis 1 abliefern
	BS / 0 : 1 M	
	O / 1 M	Rücksprung

Belegung des freien Arbeitsspeichers bei einem Aufruf:

0 Argument n, bzw. Ergebnis
1 Rücksprungadresse

7.

[DB]	
[ST 5120]	
[IB]	
STA	
BXL / 2 : (STAP)	X2 := „Beginnadresse Stapel"
LFX	X0 := Element
KXZ / 0	= 0, →
OLT / (END)	

(W)	BS / 0 : 0 M	
	AXL / 2 : 1	
	XX / 1 : 0	
	LFX	Elemente lesen und abspeichern solange steigend geordnet
	BS / (N) : 0	
	SX / 1 : (N)	
	KXP / 1	
	OLF / (W)	
	XX / 1 : 2	Zähler ⟨3⟩ := Anzahl Elemente auf Stapel
	SXL / 1 : (STAP)	
	BS / 3 : 1	
(AUS)	SXL / 2 : 1	
	BX / 0 : 0 M	Elemente gemäß Zähler ⟨3⟩ unter Abbau des Stapels ausgeben
	PZ	
	PX	
	OZ / (AUS) : 3	
	BX / 0 : (N)	noch unverarbeitetes Element
	KXZ / 0	
	OLF / (W)	falls nicht letztes, → weiter
	(END)	
	STP	
	(N) = 0	Hilfsspeicher, unverarbeitetes Element
	(STAP)	Beginn des Stapels
	[SH]	

B Befehlsvorrat von URA

Kern	Ope-randen	Mod. *)	Wirkung	Mnemotechnik
Befehle zur Verarbeitung von Festpunktzahlen				
BX /	*i* : *n*	*M*	X*i* := ⟨*n*⟩	Bringe nach **X**
AX /	*i* : *n*	*M*	X*i* := X*i* + ⟨*n*⟩	Addiere zu **X**
SX /	*i* : *n*	*M*	X*i* := X*i* – ⟨*n*⟩	Subtrah. von **X**
NX /	*i* : *n*	*M*	X*i* := - ⟨*n*⟩	Negativ nach **X**
XX /	*i* : *j*		X*i* := X*j*	**X** nach **X**
NXX /	*i* : *j*		X*i* := - X*j*	Negativ **X** nach **X**
MX /	*n*	*M*	X0X1 := X1 × ⟨*n*⟩	Multipl. **X** mit
DX /	*n*	*M*	X1 := X0X1 ÷ ⟨*n*⟩	Divid. **X** durch
BXL /	*i* : *n*		X*i* := L(⟨*n*⟩)	Bringe nach **X**
AXL /	*i* : *n*		X*i* := X*i* + L(⟨*n*⟩)	L(⟨n⟩)
SXL /	*i* : *n*		X*i* := X*i* – L(⟨*n*⟩)	
NXL /	*i* : *n*		X*i* := - L(⟨*n*⟩)	
BS /	*n* : *i*	*M*	⟨*n*⟩ := X*i*	Bringe in Speicher
AS /	*n* : *i*	*M*	⟨*n*⟩ := ⟨*n*⟩ + X*i*	Addiere zu Speicher
SS /	*n* : *i*	*M*	⟨*n*⟩ := ⟨*n*⟩ – X*i*	Subtr. von Speicher
NS /	*n* : *i*	*M*	⟨*n*⟩ := - X*i*	Negativ in Speicher
Befehle zur Verarbeitung von Gleitpunktzahlen				
BRGP /	*n*	*G*	R := {*n*}	Bringe nach **R**
ARGP /	*n*	*G*	R := R + {*n*}	Gleitpunktzahl
SRGP /	*n*	*G*	R := R – {*n*}	usw.
DRGP /	*n*	*G*	R := R / {*n*}	
MRGP /	*n*	*G*	R := R × {*n*}	
NRR			R := - R	
BSGP /	*n*	*G*	{*n*} := R	Bringe in Speicher Gleitpunktzahl
Operationen mit dem Indexregister für Gleitpunktbefehle				
BMGL /	*n*		MG := L(⟨*n*⟩)	Bringe nach **MG**
AMGL /	*n*		MG := MG + L(⟨*n*⟩)	Addiere zu **MG**
SMGL /	*n*		MG := MG – L(⟨*n*⟩)	Subtr. von **MG**

*) Adressenmodifikation möglich

Kern	Operanden	Mod.	Wirkung	Mnemotechnik
			Befehle zum Setzen des Konditionsregisters	
KXP /	*i*		K := X*i* $\geqslant +0$	Kondition Xi positiv
KXZ /	*i*		K := X*i* = 0	
KRP			K := R > 0	
			Sprungbefehle	
O /	*n*	*M*	O := ⟨*n*⟩	Setzen des Operationszählers
OL /	*n*		O := L(⟨*n*⟩)	
OLT /	*n*		**if** K **then** O := L(⟨*n*⟩)	
OLF /	*n*		**if** ¬K **then** O := L(⟨*n*⟩)	
OLU /	*n*		**if** U **then begin** U := **false**; O := L(⟨*n*⟩) **end**	
OUP /	*n : n1*		⟨*n1*⟩ := O : O := L(⟨*n*⟩); *(n1 = 11, 12, 13, 14, 15)*	Unterprogramm-sprung
OZ /	*n : n2*		⟨*n2*⟩ := ⟨*n2*⟩ - 1; **if** ⟨*n2*⟩ > 0 **then** O := L(⟨*n*⟩); *(n2 = 3, 4, 5, 6, 7)*	Zählsprung
OH /			Stoppbefehl	Halt
			Schiebe- und Intersektionsbefehle	
IU /	*h : n*	*M*	In X*h* wird bitweise das logische UND mit ⟨*n*⟩ ausgeführt	
IUL /	*h : n*		In X*h* wird bitweise das logische UND mit L(⟨*n*⟩) ausgeführt	
ILL /	*h : n3*		X*h* wird um L(⟨*n3*⟩) bit links rundgeschoben	
IRL /	*h : n3*		X*h* wird um L(⟨*n3*⟩) bit rechts rundgeschoben *(0 ⩽ n3 ⩽ 27)* *(h = 0, 1)*	

Kern	Operanden	Mod.	Wirkung	Mnemotechnik
Funktionen, Typumwandlungen				
SQ			R := sqrt(R)	
SIN			R := sin(R)	
COS			R := cos(R)	
EXP			R := exp(R)	
LN			R := ln(R)	
ATG			R := arctan(R)	
XR			X0 := R	
RX			R := X0	
Befehle zur standardmäßigen Ein-/Ausgabe, gepuffert				
STA			Standardeingang, dynamisch erster Befehl	**Sta**rt
STP			Standardausgang, dynamisch letzter Befehl	**St**o**p**
PX			Drucke X0 als ganze Zahl	Print
PR			Drucke R	
PZ			Drucke Übergang zu neuer Zeile	
PTEX /	*n*		Drucke den auf *n* beginnenden Text	
LGR			Lesen einer Gleitpunktzahl nach R	
LFX			Lesen einer Festpunktzahl nach X0	
LOX			Lesen einer Oktalzahl nach X0	
LTEX /	*n*		Lesen von Text nach Adresse *n* und folgende	
Befehle zur Ein-/Ausgabe von Lochstreifen, ungepuffert				
ELX			X0 := Lochreihe (Stellen: . . . d1, d0)	
ALX			Lochreihe aus X0 stanzen (Stellen: . . . d1, d0)	

Literaturhinweise

(Auf die oft empfehlenswerten Programmierhandbücher der Rechnerfirmen (Firmendruckschriften) wird hiermit generell hingewiesen.)

Bachmann, K. H.: Programmierung für Digitalrechner. Berlin 1967

Bauer, F. L., J. Heinhold, K. Samelson u. R. Sauer: Moderne Rechenanlagen. Stuttgart 1965

Dworatschek, S.: Einführung in die Datenverarbeitung. Berlin 1969

Flores, I.: Computer Software. Englewood Cliffs, N. J., 1965

– Computer Programming. Englewood Cliffs, N. J., 1966
(Deutsche Übersetzung: Programmiertechnik. Stuttgart 1969)

Güntsch, F. R.: Einführung in die Programmierung digitaler Rechenautomaten. Berlin 1963

Hassitt, A.: Computer Programming and Computer Systems. New York (Acad. Press) 1967

Jeenel, J.: Programming for Digital Computers. New York (McGraw Hill) 1959

Knödel, W.: Programmieren von Ziffernrechenanlagen. Wien 1961

Knuth, D. E.: The art of computer programming. Bisher erschienen: Vol. I, Fundamental Algorithms. Reading Mass. (Addison Wesley) 1968

McCracken, D. D.: Digital Computer Programming. New York (J. Wiley) 1957

Müller, D.: Programmierung elektronischer Rechenanlagen. Mannheim 1964

Sherman, Ph. M.: Programming and coding digital computers. New York (Wiley) 1963

Schneider, H. J. und D. Jurksch: Programmierung von Datenverarbeitungsanlagen. Berlin 1967 (Sammlung Göschen Nr. 1225/1225 a)

Stein, M. L. und W. D. Munro: Computer Programming. New York (Academic Press) 1964

Weyh, U. und H. Schecher: Ziffernrechenautomaten, Struktur und Programmierung. München und Wien 1968

IFIP Fachwörterbuch der Informationsverarbeitung. Amsterdam 1968

Register

FSC
www.fsc.org
MIX
Papier | Fördert gute Waldnutzung
FSC® C083411

Kolibri 360 GmbH
Ferdinand-Jühlke-Straße 7
99095 Erfurt, Deutschland
produktsicherheit@kolibri360.de